电气信息类专业综合实训指导

主　编　唐　宇　郝小江
副主编　黄　昆　明立娟　李会容　周荣富　王　聪

北京理工大学出版社
BEIJING INSTITUTE OF TECHNOLOGY PRESS

内 容 简 介

本书介绍了五个专业基础实训项目、六个专业综合实训项目和三个仿真软件，专业基础实训项目和专业综合实训项目给出了实用设计案例，学生及老师可选择其中的实验项目进行实验。

为方便读者完成实验项目，本书在附录中详细介绍了单片机实验开发系统。

本书可作为电气类、电子信息类、自动化类等专业的实验教材，也可作为从事电类应用设计的工程技术人员的参考用书。

图书在版编目(CIP)数据

电气信息类专业综合实训指导/唐宇，郝小江主编. —北京：北京理工大学出版社，2020. 8

ISBN 978 - 7 - 5682 - 8977 - 1

Ⅰ. ①电… Ⅱ. ①唐… ②郝… Ⅲ. ①电气工程 - 高等学校 - 教学参考资料②信息技术 - 高等学校 - 教学参考资料 Ⅳ. ①TM②G202

中国版本图书馆 CIP 数据核字(2020)第 163502 号

出版发行 / 北京理工大学出版社有限责任公司
社　　址 / 北京市海淀区中关村南大街 5 号
邮　　编 / 100081
电　　话 / (010)68914775(总编室)
　　　　　(010)82562903(教材售后服务热线)
　　　　　(010)68948351(其他图书服务热线)
网　　址 / http://www.bitpress.com.cn
经　　销 / 全国各地新华书店
印　　刷 / 北京侨友印刷有限公司
开　　本 / 787 毫米 × 1092 毫米 1/16
印　　张 / 9
字　　数 / 212 千字
版　　次 / 2020 年 8 月第 1 版 2020 年 8 月第 1 次印刷
定　　价 / 30.00 元

责任编辑 / 陆世立
文案编辑 / 赵 轩
责任校对 / 刘亚男
责任印制 / 李志强

前　　言

《电气信息类专业综合实训指导》根据省级电工电子实验示范中心建设项目的要求编写，是普通本科高校向应用型本科高校转型的一次教材编写实践。

本书力图通过实验实训把专业课知识与生产实际应用相结合，把实践技能与职业岗位需求相结合，开展以实践项目促进基础教学的人才培养模式，培养具有创新创业精神和自主实践能力的应用型高级专门人才。

全书共分为上中下三篇：上篇为专业基础实训篇，包含电路原理、模拟电子技术和数字电子技术等课程的五个综合实验；中篇为专业综合实训篇，主要为单片机原理及应用、C 语言程序设计等课程的课后实验，学生可以参考硬件原理图进行程序设计并仿真，然后用 Protel 软件绘制原理图及 PCB 布线图并制作电路板，完成实物的组装和调试；下篇为仿真软件应用篇，介绍了 Altium Designer 软件、Keil 软件和 Proteus 软件的使用。

教师在教学中可根据教学大纲，对全书实验内容进行取舍，并根据实验要求对具体的实验内容及实验方法进行完善。

在本书的编写过程中，我们得到了攀枝花学院省级电工电子实验示范中心的大力支持，以及该校电工电子基础、综合实训教学团队的配合，在此表示感谢。

本书由唐宇、郝小江担任主编，黄昆、明立娟、李会容、周荣富、王聪担任副主编。

由于时间仓促，编者水平有限，书中错误在所难免，敬请读者批评指正。

编　者

2019 年 12 月

目　　录

上篇　专业基础实训

中篇　专业综合实训

下篇　仿真软件应用

上篇　专业基础实训

本篇包含电路原理、模拟电子技术和数字电子技术等专业基础课程的五个综合实验，分别是收音机的组装和调试、数字电路控制三相异步电动机间隔循环运转、脉搏测量仪、电子秒表和数字电路交通灯控制器。

本篇要求学生在了解项目设计功能和要求后，掌握简单的电路分析原理与设计方法，并能够进行实验项目的组装与调试。

项目一

收音机的组装和调试

一、实验原理

本项目采用超外差式调幅接收机，把收音机收到的高频信号变换为一个固定的中频载波频率信号（载波频率发生改变，信号包络保持不变），然后对此固定的中频载波频率信号进行放大、检波，再加上前置低频放大（简称低放）电路和功率放大（简称功放）电路，得到输出波形，其组成框图及波形如图1－1所示。

输入回路接收的调幅信号（电台）和本机振荡器产生的高频等幅信号一起送到一个晶体管高频放大器。晶体管工作在非线性区时，输出端会产生新的频率，其中就包含了希望得到的差频，这一过程称为变频。为了得到一个固定的差频，本振频率必须始终比输入信号的频率高一个固定值，我国工业标准规定该频率值为465 kHz。

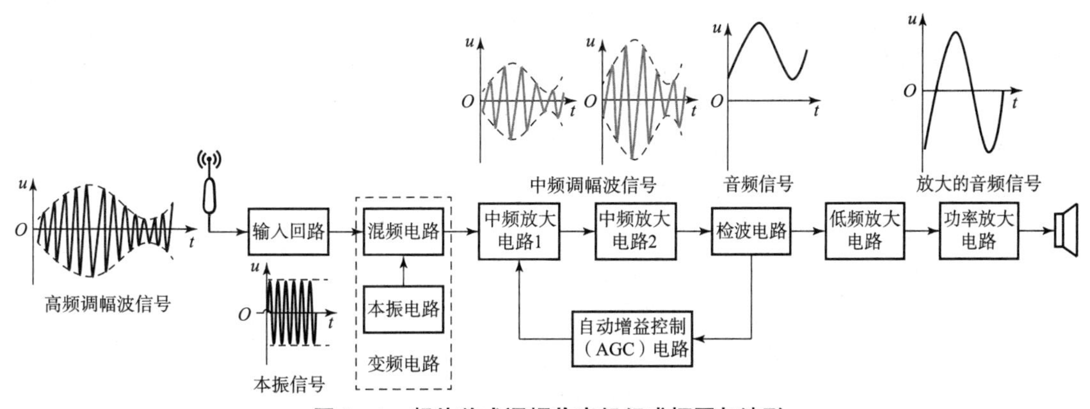

图1－1　超外差式调幅收音机组成框图与波形

本项目实现低压全硅管袖珍式八管超外差式调幅收音机的制作，整机电路包括输入回路、变频电路、中频放大（简称中放）电路、检波电路、前置低放电路和功率放大电路，如图1－2所示。

（1）输入回路

输入回路如图1－3所示，天线接收的高频信号通过调谐电路的谐振后选出需要的电台信号。当改变（可变电容）C_A时，就能收到不同频率的电台信号，当振荡频率与电磁波频率相等时，C_A与T_1构成的初级LC谐振回路产生谐振，接收调幅发射信号，并通过线圈耦合到下一级电路。

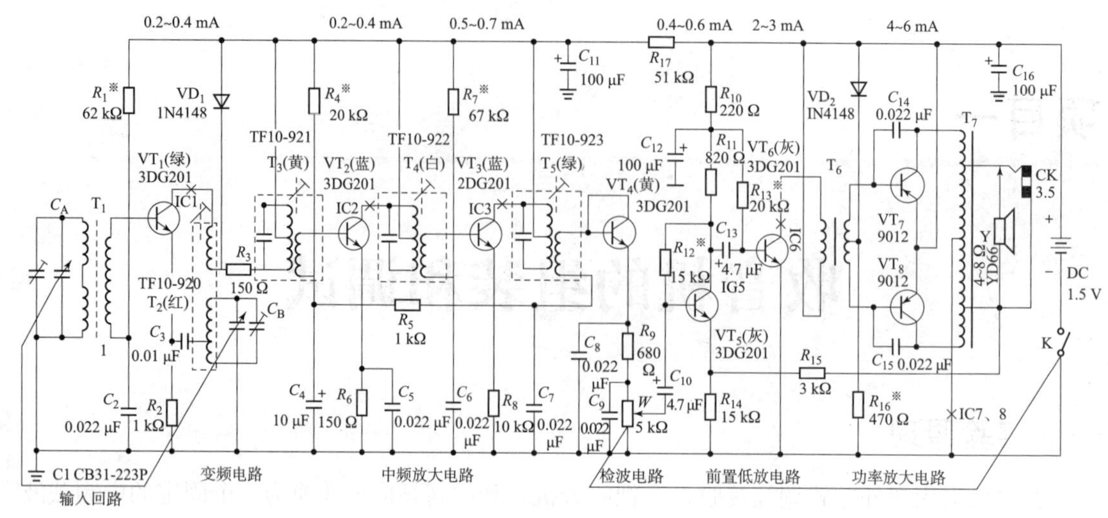

图 1-2　八管超外差收音机电路

可变电容 C_A 和 C_B 共用一个旋转轴选择电台信号（双联可变电容）。电台信号的频率为

$$f=\frac{1}{2\pi\sqrt{L_1 C_A}} \tag{1-1}$$

（2）变频电路

变频电路如图 1-4 所示，其作用是将输入回路接收到的高频调幅信号（f_s）变成频率固定的中频调幅信号（$f_{中频}=f_0-f_s=465$ kHz）。变频电路将输入回路接收到的外来高频调幅波信号和本机振荡信号分别从两个方向注入三极管 VT_1 的发射结，利用 VT_1 的非线性特性进行混频，得到两种信号的和频、差频及倍频信号，从 VT_1 的集电极输出，然后 T_3 的初级电路从这些信号中选择 465 kHz 的差频信号，通过变压器耦合的方式送至 VT_2 基极，选择所需要的信号。

在超外差式调幅收音机中，用一只三极管产生本振信号并完成混频工作，这个过程称为变频。

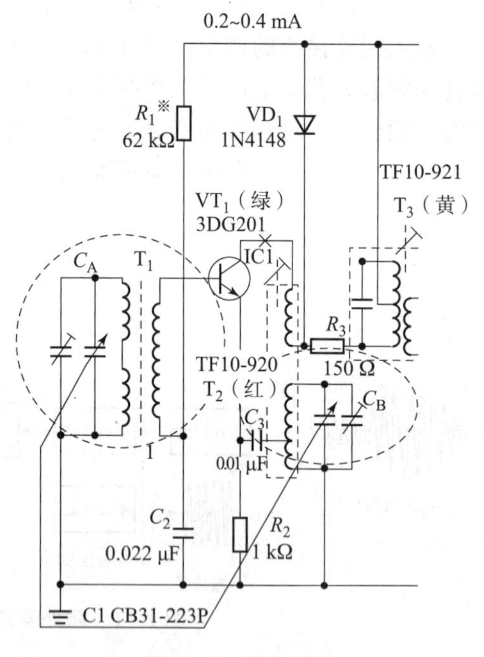

图 1-3　输入回路

（3）中频放大电路

中频放大电路如图 1-5 所示，其作用是将 465 kHz 的中频调幅波信号进行放大，以达到检波器所要求的大小。

中频放大器由两级单调谐放大器构成，采用变压器耦合方式向后传送信号，图 1-5 中 R_4 与 R_6、R_7 与 R_8 分别构成 VT_2 和 VT_3 的固定直流偏置电路，让 VT_2 和 VT_3 基极提供交流信号通路。T_4、T_5 的初级电路为 465 kHz 的并联谐振电路，分别作为 VT_2、VT_3 的集电极交流选频负载。收音机的灵敏度（接收信号的能力）和抗干扰性能主要由中频放大电路决定。

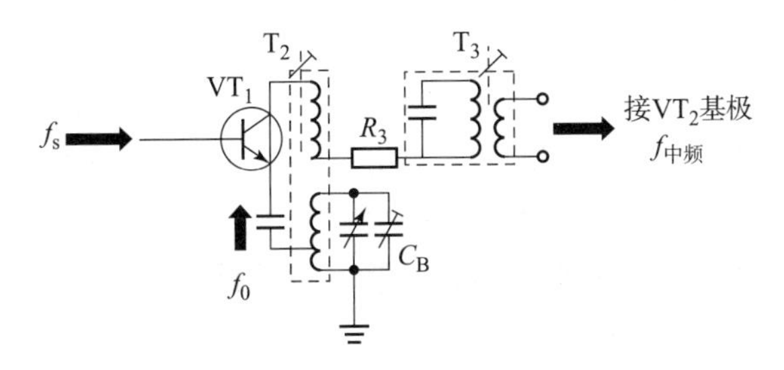

图1－4　变频电路

为了实现中频放大电路的幅频特性，中频放大电路都是由以 *LC* 并联谐振回路为负载的选频放大器组成，级间采用变压器耦合的方式。放大电路级间耦合所用的变压器称为中频变压器（内置谐振并联电容），简称中周。

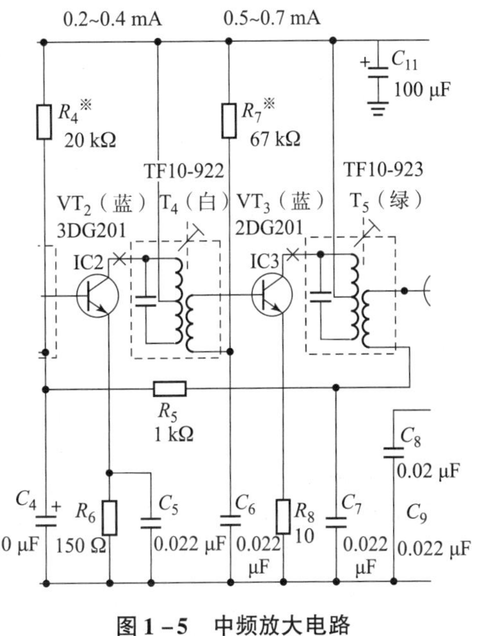

图1－5　中频放大电路

中周的作用有以下 3 点：

①中周的初级线圈与并联电容组成谐振选频电路，选择频率为 465 kHz 的中频信号，衰减其余频率的信号；

②在各级放大电路之间进行耦合，传递中频交流信号，隔断直流电，令各级放大电路的静态工作点（即 *Q* 点）独立；

③进行阻抗变换，提升放大电路的增益。

注意：各级放大电路中周的参数和性能不同，不能互换。

中周以颜色区分：T_4——白色，T_5——绿色。

自动增益控制（AGC）电路采用电压并联负反馈，其作用是使收音机在所接收到的信号强弱不同时，也能收听到同样的音量，即使信号强弱变化较大，也能维持一定的音量。

（4）检波电路

检波电路如图 1－6 所示，作用是将由中频放大电路放大后的 465 kHz 中频调幅波信号转换为低频音频信号输出。调整电位器 *W* 可调整送往后级电路的音频信号幅度大小，从而实现收音机音量的控制。

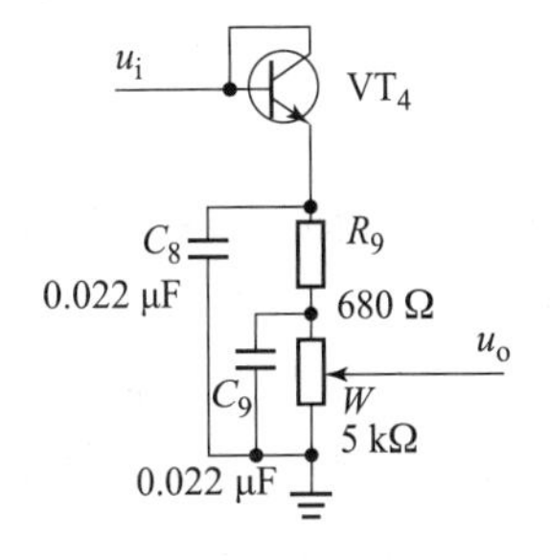

图1－6　检波电路

检波电路工作过程：当中频调幅波信号的某一正半周峰值输入到 VT_4 的基极时，VT_4 导通，C_8、C_9 充电，当 VT_4 的输入电压小于 C_8 上的电压时，VT_4 截止，C_8、C_9 放电，由于放电时间常数远大于充电时间常数，放电时 C_8 上的电压变化不大。在下一个电压峰值到来时，VT_4 导通，C_8、C_9 继续充电……，VT_4 在电路中的作用相当于一个二极管，这样就能将中频调幅信号中包含音频信息的包络线检测出来。

(5) 前置低放电路

前置低放电路如图 1-7 所示。经过检波和滤波后的音频信号由电位器 W 送到前置低放管 VT_5，再经过低放可将音频信号的电压放大几十到几百倍，但是音频信号经过放大后，带负载能力不足，不能直接推动扬声器工作，还需进行功率放大。通过旋转电位器 W 可以改变 VT_5 的基极对地的信号电压的大小，达到控制音量的目的。

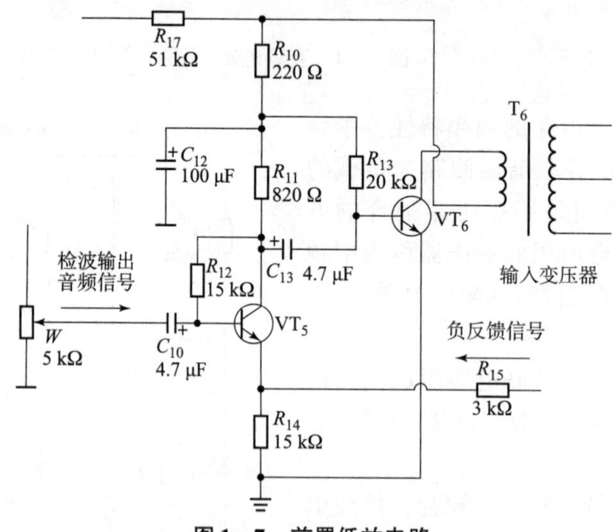

图 1-7 前置低放电路

(6) 功率放大电路

功率放大电路如图 1-8 所示，其作用是对功率进行放大，推动扬声器工作。功率放大电路主要由 VT_7、VT_8 组成的变压器耦合推挽功率放大器构成。

推挽功率放大电路的工作原理是当输入变压器 T_6（绿色或蓝色）的初级加有低频信号时，在正半周，初级线圈上端正，下端负，次级线圈将感应出两个大小相等的低频信号。此时，晶体管 VT_7 的基级为正，发射级为负，加有正偏压而导通，晶体管 VT_8 基级为负，发射级为正，加有反偏压，因而不能导通。VT_7 上的电流经过输出变压器 T_7（红色，自耦型）的初级上半线圈，则 T_7 次级线圈便感应出正半周信号电流，推动扬声器工作。

注意：输出变压器 T_7 是自耦型变压器，其次级线圈是初级线圈的一部分，两部分之间有电的联系。

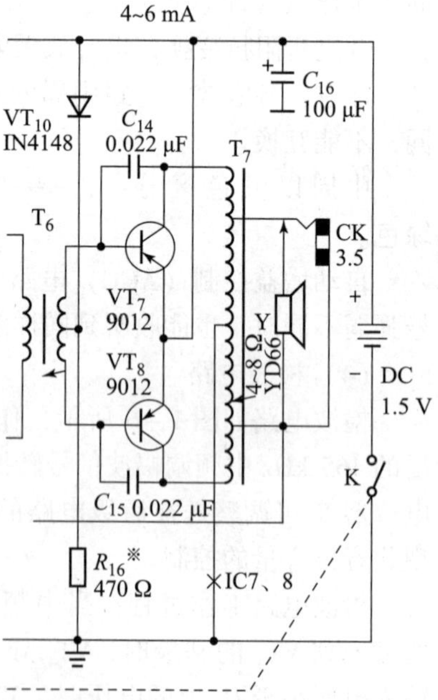

图 1-8 功率放大电路

二、操作步骤

在装配收音机前，首先要做好装配前的准备，然后进行收音机的组装和调试，最后进行统调。

1. 装配前的准备

在进行收音机的装配前，要先进行元器件的检查及处理，并且注意印刷电路板上元器件的排列。

（1）元器件的检查及处理

在进行收音机装配前，必须根据元器件清单逐一地对电阻、电容、电感线圈、变压器、二极管、晶体管进行测量，并判断元件的好坏。

为了保证收音机有足够的灵敏度和音频输出功率，晶体管（VT_1）的 β 值（即放大倍数）一般应为55～80；晶体管（VT_2、VT_3）的 β 值应为 80～120；前置低频晶体管（VT_5、VT_6）的 β 值应为 80～270；功率放大晶体管（VT_7、VT_8）的 β 值应大于 180，同时还要求两管的 β 值、I_{ceo} 尽量一致，一般相差在 20% 以内。

由于在收音机中，电源的最高电压仅为 1.5 V，而一般晶体管的耐压都大于 12 V，所以在低压工作的条件下通常不考虑晶体管的耐压问题。

（2）印刷电路板上的元器件排列

印刷电路板上的元器件排列要注意以下几个方面的问题：

①磁性天线要水平安装在整机的上端，不能竖直放，磁棒周围不要放置大型的金属元件。

②磁性天线与振荡线圈要互相垂直，否则会引起两种线圈不必要的耦合，影响收音机的性能。

③喇叭要装在机壳上，不要固定在印刷电路板上，否则容易引起高频机振。电位器、双联可变电容和磁棒通常都固定在印刷电路板上，其中磁棒必须采用非金属支架固定，如尼龙塑料支架。

④磁棒要尽量远离喇叭，否则会使磁棒磁化，从而使收音机的灵敏度降低，同时磁棒也要远离输入变压器和中频变压器，尤其是第三中频变压器和与它相连接的检波晶体管，以防中频信号及其谐波串入磁性天线回路，引起收音机自激而产生啸叫。

⑤电池应尽量安放在机壳底部，降低收音机的重心。

⑥中频变压器在安装时，初级引线连接晶体管的集电极，次级引线连接下一个晶体管的基极，它们的连接距离应尽可能短些，这样可以减小引线的分布电容和分布电感，防止因分布电容或分布电感过大而造成中频频率不稳定或引起中频自激。

⑦3 个中频变压器不要并排靠在一起，以免各级元件的排列受影响，使前后级产生反馈而自激。

（3）其他装配说明

①中周共有 4 只。红色为振荡线圈（T_2），黄色为第一中周（T_3），白色为第二中周（T_4），绿色为第三中周（T_5）。

②低频变压器有两台。绿色或蓝色为输入变压器（T_6），红色为输出变压器（T_7）。

③晶体管的色点应按原理图配置，一般不要互换，否则会出现啸叫或灵敏度低等故障。VT_7、VT_8 的型号为 9012 或 3CX201，不得与 VT_1～VT_6（2DG201 3DG201）弄错。晶体管的 β 值按颜色标注法，黄：40～55 倍；绿：55～80 倍；蓝：80～120 倍；紫：120～180 倍；灰：180～270 倍；白：270～400 倍。其估数值以测量值为准。

(4) 焊接及要求

准备好所需的元器件和工具以后，根据电路原理图安装好元器件，但是在安装过程中元件要摆放平整。元器件安装好以后，进行下一步的焊接工作，焊接时要先焊接小的元件，再焊接大的元件，先处理不容易焊接的元器件，最后焊接一些零散的元器件。

焊接的要求：

①焊点一定要牢固，要有一定的抗机械硬度；

②焊点电阻要保证小，禁止漏焊和虚焊；

③焊点表面应有良好光泽，且表面光滑清洁、无毛刺、无空隙、无气泡和针眼、无焦块和污垢；

④焊点要保证光亮和大小均匀；

⑤焊接时要掌握好温度，不要损坏了元器件或影响元器件的指标。

2. 收音机故障检测及方法

收音机故障检测的前提是元器件使用无差错，且安装正确，焊接无误，即无漏焊、错焊及搭焊的情况。检查时，一般由后级往前级检测，先检测低功放级，再到中放级和变频级。

(1) 通电前检查

通电前检查的目的是防止收音机元器件装错或接触不良，导致在通电时收音机的总电流太大而将电池的电量耗尽或损坏元件。因此，在通电前先不装入电池，闭合收音机电源开关，用万用表"$R\times100$"档测量电池极板，将万用表的红表笔接收音机的负极板，黑表笔接收音机的正极板，正常测出来的电阻值的范围是 700～1 400 Ω。若测出电阻值约为 0 Ω，说明印刷电路板中有短路现象，可能是电阻 R_{17} 前面的线路板电源负极走线与电源正极（地）短路，或电解电容 C_{16} 被击穿。

(2) 整机电流检测

若通电前检查测得电阻值基本正常，则断开电源开关并装入电池，将万用表拨置"500 mA"档，将万用表的红黑表笔并联于电源开关两端，测试整机的电流。收音机的正常电流在 10 mA 左右，若测得电流值很大，比如大于 100 mA，则是电解电容 C_{16} 被击穿或是电阻 R_{17} 前面的电源供电回路短路；若测得电流大于 10 mA 并随着通电时间的增加而增加，则故障是电解电容 C_{16} 的极性接反；若测得电流为 20～30 mA，则故障可能是前置放大电路接触不良，这时整机电流不是很大，所以可以通电进行偏置调整和故障检修。

(3) 各晶体管 e、b、c 三极的静态工作电压测量

测量晶体管的静态工作点是在无交流信号输入的前提条件下进行的。因此，测量低频放大电路时必须控制电位器使音量在最小的位置。在测量变频、中放电路时必须用一根导线短路天线线圈的次级 L_2。

测量 VT_1 的发射极对地电压，正常电压 U_1 为（0.2～0.4）V。

测量 VT_5 的集电极对地电压，正常电压 U_5 为（0.9～1.2）V。

(4) 对各级放大电路进行动态性能测试

①低频电路的动态性能调试：在电阻 R_9 上端（即 VT_4 发射极端）提供400 Hz 的适宜幅

值的正弦波测试信号，用示波器分别观察 VT_5、VT_6 集电极的波形以及扬声器输出端的对应波形，进行动态性能测试。

②中频电路的动态性能测试：将双联电容逆时针旋到底，让本机振荡停止。在 VT_2 基极端提供465 kHz 的适宜幅值的正弦波测试信号，逐级用示波器观察 VT_2、VT_3 集电极波形以及 VT_4 发射极波形，进行动态性能测试。

将高频信号发生器的输出端接至 VT_3 的基极，调节载波旋钮使输出电压为 2 mV，调节中周 T_5 的磁芯使收音机的输出达到最大。

调节高频信号发生器，使输出电压为200 μV，并将它从 VT_2 的基极输入，调节中周 T_4 的磁芯直至收音机的输出达到最大。

调节信号发生器，使输出电压为 30 μV，并换至从 VT_1 的基极输入，调节中周 T_3 的磁芯直至收音机的输出达到最大为止。

③高频电路的动态性能测试：旋动双联电容使指针对准 1 000 kHz 刻度，音量电位器 W 仍保持最大。

调节高频信号发生器使其输出为频率 1 000 kHz、幅度 0.3 V 的调幅波信号，调节振荡线圈的磁芯使收音机输出达到最大。

若收音机的低端低于1 000 kHz，则将振荡线圈的磁芯向外旋（减少电感）；若收音机的低端高于1 000 kHz，则将磁芯向里旋（增加电感）。

3. 收音机的统调

（1）调中频放大（调中周）

调中频放大的规则是从后级往前级调（$T_5 \rightarrow T_4 \rightarrow T_3$），至扬声器声音最响为止（或示波器观察扬声器波形最大）。

①先收听一个本地（低端）电台，把声音调到最响；

②改为收听信号较弱的外地电台，再把声音调到最响。

以上两步需反复细调两三遍，或直接加上 465 kHz 的中频（调幅）信号调试。

（2）调整频率覆盖（对刻度）

①调低端。在频率为 550 ~ 700 kHz 的范围内选一个电台，如频率为 640 kHz 的电台，调节红中周 T_2，使声音最大，且和刻度对应。若指针比刻度低，则表示电感小，应把磁帽旋进一点，增大电感。

②调高端。在频率为 1 400 ~ 1 600 kHz 的范围内选一个电台，如频率为 1 500 kHz 的电台，将调谐盘指针指在周率板刻度为 1 500 kHz 的位置，调节双联电容上角的本振回路的微调电容 C_B，使电台声音最大。

以上两步需反复细调两三次，频率刻度才能调准。

（3）调整变频级的频率跟踪（三点跟踪法）

①低端统调。收听一个低频电台，调整线圈在磁棒上的位置，使声音最响。

②高端统调。收听一个高频电台，调节双联电容上的输入天线回路的微调电容 C_A，使声音最响。由于高、低频相互影响，因此要反复调整几次。在一般情况下，低频端和高频端统调好后，中频端 1 000 kHz 的失谐就不会太大，至此，三点频率跟踪已完成。

(4) 测试

①先制作一个铜铁棒，如图 1-9 所示。

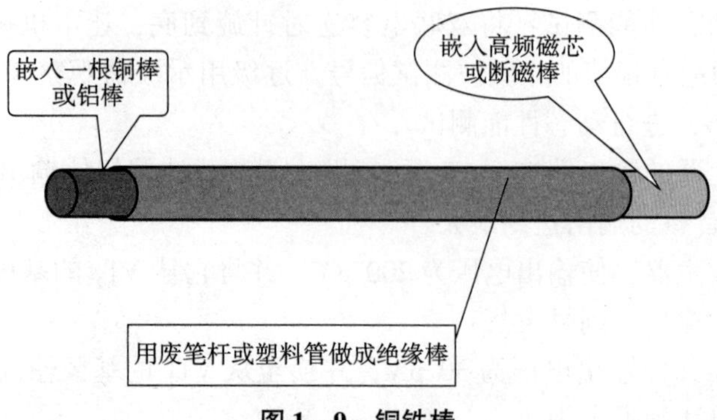

图 1-9　铜铁棒

②低频端测试。将收音机调到低频端电台位置，用铜棒靠近线圈，如果声音偏大，则说明天线线圈的电感偏大，此时应将线圈向磁棒外侧稍微移动。用磁铁端靠近线圈，如果声音偏大，则说明天线线圈的电感偏小，此时应将线圈向磁棒中心稍微移动。用铜铁棒两端分别靠近线圈，如果收音机声音都变小，说明电感大小正好，则此时电路已获得统调。

③高频端测试。将收音机调到高频端电台位置，用铜棒靠近线圈，如果声音偏大，则应减小微调电容 C_A 的电容。用磁铁端靠近线圈，如果声音偏大，则应增加微调电容 C_A 的电容。用铜铁棒两端分别靠近线圈，如果收音机声音都变小，说明电感大小正好，则此时电路已获得统调。

按上述方法反复进行调整，直至高频端和低频端都完全统调好为止。磁棒线圈在统调完成后应用蜡加以固封，以免松动，影响统调效果。

项目二

数字电路控制三相异步电动机间隔循环运转

一、设计功能

利用集成计数器芯片控制三相异步电动机的间隔循环运转，并可调整正/反转时间。

二、设计要求

设计数字电路控制三相异步电动机间隔循环运转，选择不同的计数值，实现用不同时间间隔控制三相异步电动机的功能，用定时器 NE555 设计时钟信号。每组都要设计电路图，并用 Multisim 软件或者 Proteus 软件进行仿真设计，并根据所设计的电路图搭建硬件电路且要调试成功。

三、电路分析与设计

数字电路控制三相异步电动机间隔循环运转主要由异步加法计数器 74LS90、定时器 NE555 和双 *JK* 触发器 74LS112 组成，下面介绍各芯片的引脚和使用方法。

1. 异步加法计数器 74LS90 及其使用方法

1）74LS90 的引脚

74LS90 是一种二-五-十进制的异步加法计数器，具有清零和置数等功能，其引脚排列如图 2－1 所示。

$R_0(1)$、$R_0(2)$ 为清零端，两者同时为高电平时可实现清零功能，清零方式为异步。$R_9(1)$、$R_9(2)$ 为置数端，两者同时为高电平时实现置数功能，此时，输出为 1001。

Q_D、Q_C、Q_B、Q_A 为数据输出端，CP_1、CP_2 为脉冲输入端，其中：脉冲从 CP_1 输入，从 Q_A 输出时为二进制计数；脉冲从 CP_2 输入，从 Q_D、Q_C、Q_B 输出时为五进制计数；脉冲从 CP_1 输入，Q_A 接 CP_2，从 Q_D、Q_C、Q_B、Q_A 输出时为十进制计数。

2）74LS90 的十进制接法

74LS90 的十进制接法如图 2－1 所示。

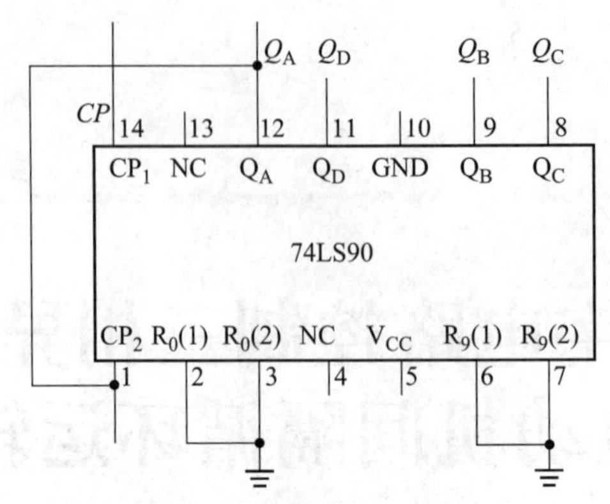

图 2-1　74LS90 的十进制接法

该设计采用反馈清零的方法，即从 0 计到要设计的进制时，使清零端 $R_0(1)$、$R_0(2)$ 有效（同时为高电平），进而反馈清零。具体的方法是：如需设计 n 进制计数器，就把 n 的 BCD 码中为“1”的输出端进行“与”运算，把高电平结果接到各个 74LS90 的 $R_0(1)$、$R_0(2)$ 端，即可实现 n 进制计数。

3）三十六制计数器的设计

使用 2 块 74LS90，将每块 74LS90 接成十进制构成百进制计数器，然后设计计数到 36 后返回清零。36 的 BCD 码为 0011 0110，因此可将十位的 Q_B、Q_A，个位的 Q_C、Q_B 进行“与”运算，结果接到 2 块 74LS90 的清零端，如图 2-2 所示。

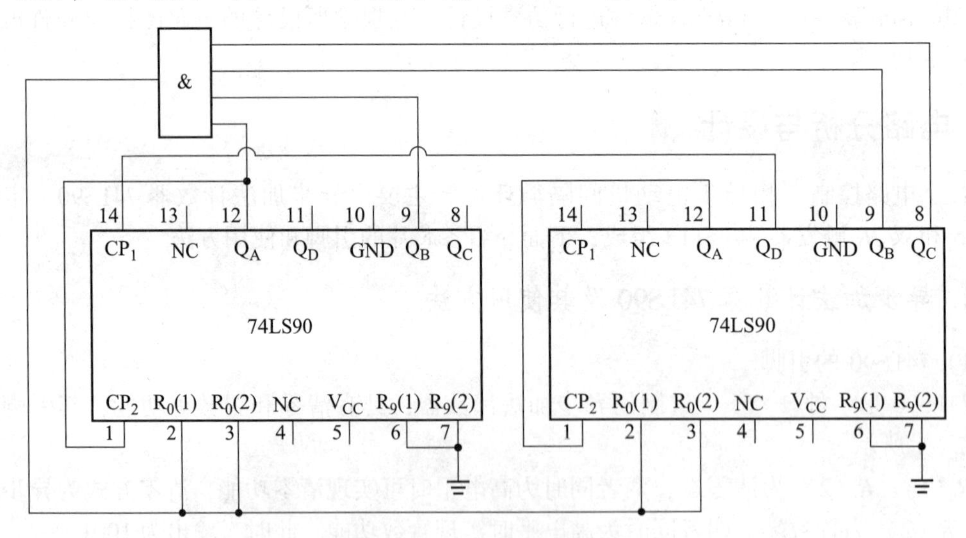

图 2-2　三十六进制计数器

2. 定时器 NE555 及其使用方法

NE555 为 8 脚时基集成电路，具有体积小、重量轻、操作电源范围大、输出端的供给电流能力强、计时精确度高等优点，其引脚排列如图 2-3 所示。

其中　1——地端；

2——触发端（$\overline{TR}$），下比较器的输入；

3——输出端（V_o），有0和1两种状态，由输入端所加的电平决定；

4——复位端（$\overline{MR}$），加上低电平时可使输出为低电平；

5——控制电压端（V_c），可用它改变上下触发电平值；

6——阈值端（TH），是上比较器的输入；

7——放电端（DIS），是内部放电管的输出，有悬空和接地两种状态，由输入端的状态决定；

8——电源端。

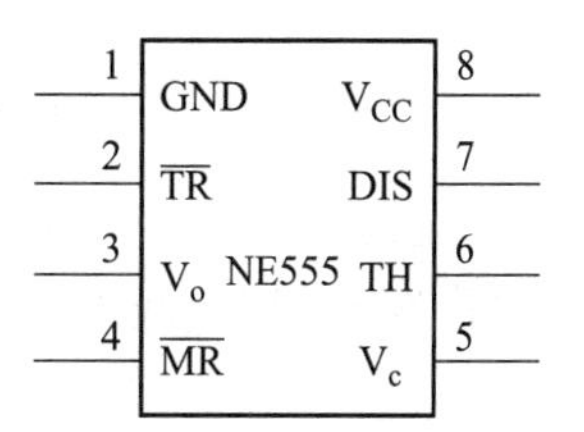

图2－3　NE555的引脚排列

NE555定时器的应用电路有很多，常见的有用NE555定时器构成的多谐振荡器，输出10 Hz的矩形脉冲信号，分频后作为74LS90的时钟信号（方波信号），其电路如图2－4所示。

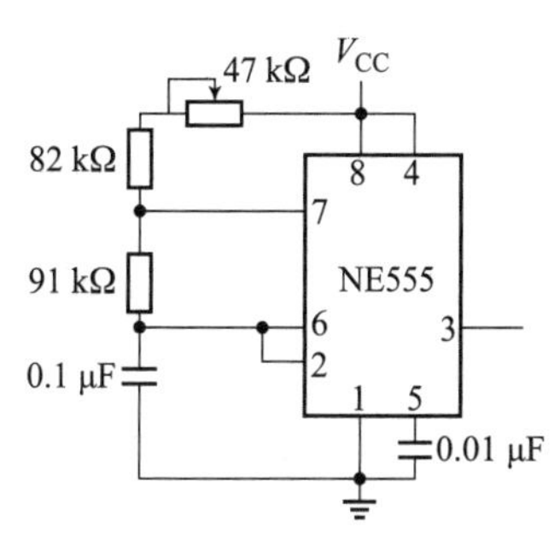

图2－4　脉冲信号源电路

由74LS90构成十进制计数器，对脉冲源电路产生的频率为10 Hz的时钟脉冲进行分频，在输出端Q_D得到周期为1 s的矩形脉冲，作为时间计数单元74LS90的时钟输入。分频电路如图2－5所示。

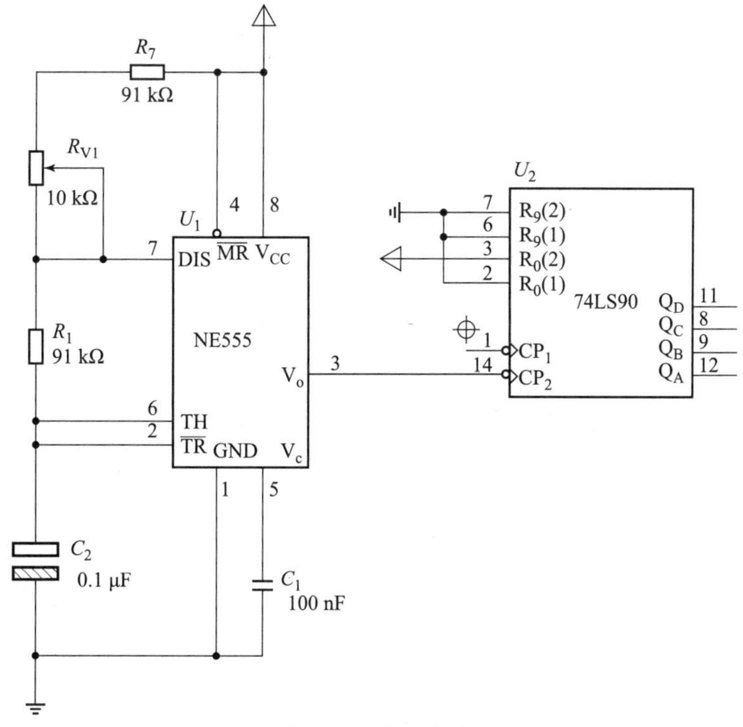

图2－5　分频电路

3. 74LS112（双 *JK* 触发器）

74LS112 为 TTL 边沿的双 *JK* 触发器，由时钟脉冲 *CP* 的下降沿触发，异步复位端 *RD*、异步置位端 *SD* 均为低电平有效，其引脚排列如图 2－6 所示。

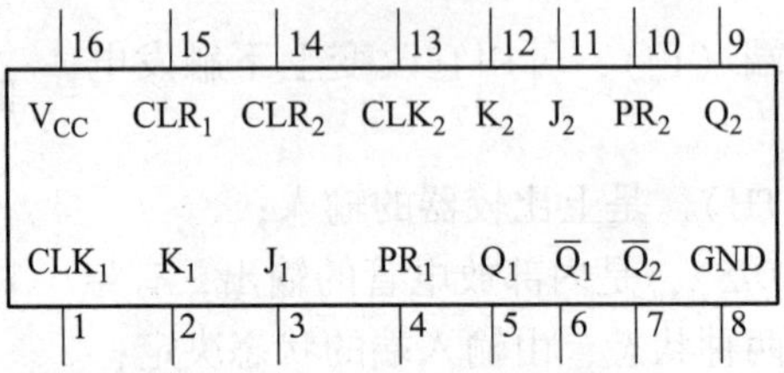

16	15	14	13	12	11	10	9
V_{CC}	CLR_1	CLR_2	CLK_2	K_2	J_2	PR_2	Q_2
CLK_1	K_1	J_1	PR_1	Q_1	$\overline{Q}_1$	$\overline{Q}_2$	GND
1	2	3	4	5	6	7	8

图 2－6　74LS112 的引脚排列

其中　CLK_1、CLK_2——时钟输入端，下降沿有效；

J_1、J_2、K_1、K_2——数据输入端；

Q_1、Q_2、$\overline{Q}_1$、$\overline{Q}_2$——数据输出端；

CLR_1、CLR_2——直接复位端，低电平有效；

PR_1、PR_2——直接置位端，低电平有效。

74LS112 的主要特点：由 *CP* 的上升沿或下降沿触发；抗干扰能力极强；工作速度很高，在触发的瞬间，按 $Q^{n+1}=J\overline{Q^n}+KQ^n$ 的规定更新状态；功能齐全（保持、置 1、置 0、翻转），使用方便。在 *CP* 的作用下，*J*、*K* 的取值不同时，具有保持、置 0、置 1、翻转功能的电路，都叫作 *JK* 型时钟触发器。74LS112 的特性见表 2－1。

表 2－1　74LS112 的特性

J	K	Q^{n+1}	功能
0	0	Q^n	保持
0	1	0	置 0
1	0	1	置 1
1	1	$\overline{Q^n}$	翻转

本项目用 74LS112 的翻转状态。

4. 总电路图

要想对三相异步电动机实行间隔循环运转控制，首先要利用计数电路对时钟信号进行计数，然后利用计数器驱动 *JK* 触发器，从而控制直流继电器 KT，实现电机的通电与断电，即电机的运行与停止。

数字电路控制三相异步电动机间隔循环运转的设计仿真电路如图 2－7 所示。输入到 74LS90 的时钟信号为频率为 1 Hz 的方波，时钟信号的周期为 1 s。74LS90 设计成 *n* 进制的计数器，即对 *n* 个周期为 1 s 的脉冲计数，时间为 *n* s。当时间到时，74LS90 芯片的个位 Q_A、Q_C 和十位 Q_D 为高电平，$R_0(1)$、$R_0(2)$ 同时得到高电平，计数器清零复位；$R_0(1)$、

$R_0(2)$ 信号经与非门的电平送入74LS112的 CP 端，在其下降沿 Q_1（5脚）实现高低电平的翻转，即“1”和“0”，每 n s翻转一次即可控制继电器的闭合与断开，从而实现三相异步电动机 n s间隔的循环运转。

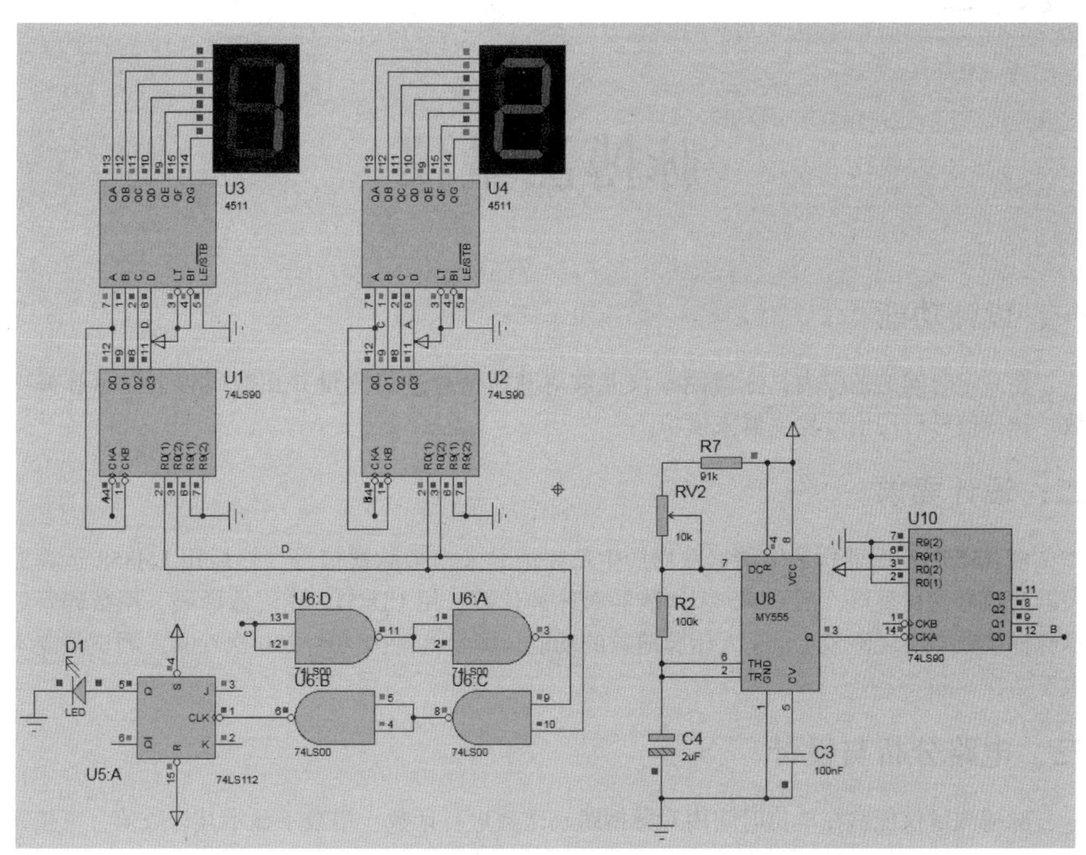

图2-7　数字电路控制三相异步电动机间隔循环运转设计仿真电路

项目三

脉搏测量仪

一、设计功能

在一定时间的范围内，脉搏测量仪能够对脉搏信号进行测量并在数码管上显示脉搏次数。脉搏信号可用信号发生器来模拟。

二、设计要求

由 NE555 定时器构成多谐振荡器产生低频信号来模拟脉搏信号，然后用 LM358 运算放大器对信号进行整形，用 CD4553 计数器对脉冲计数，用 CD4511 译码器译码，用数码管显示脉搏次数。实现测量 1 min 人体脉搏数的功能，测量范围为 40 ~ 200 次/min，测试误差不大于 2 次/min。

三、电路分析与设计

脉搏测量仪能够在单位时间内对脉搏跳动次数进行计数，用数字显示其计数值，直接得到每分钟的脉搏数。其主要由信号产生电路、整形电路、定时电路、计数电路、译码电路、显示电路等组成。脉搏测量仪结构框图如图 3－1 所示。

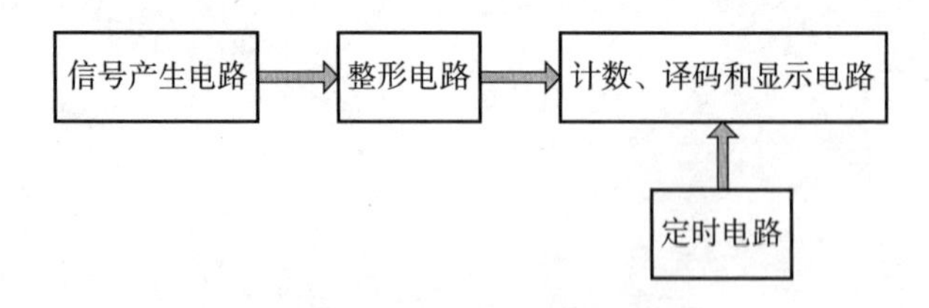

图 3－1　脉搏测量仪结构框图

1. 信号产生电路

信号产生电路用 NE555 定时器构成的多谐振荡器产生的低频信号模拟脉搏信号，也可对 NE555 定时器产生的信号进行分频，得到大约 1 Hz 的信号，其仿真电路如图 3－2 所示。

2. 整形电路

整形电路采用 LM358 运算放大器对低频信号进行整形，以提高抗干扰能力，其仿真电路如图 3－3 所示。

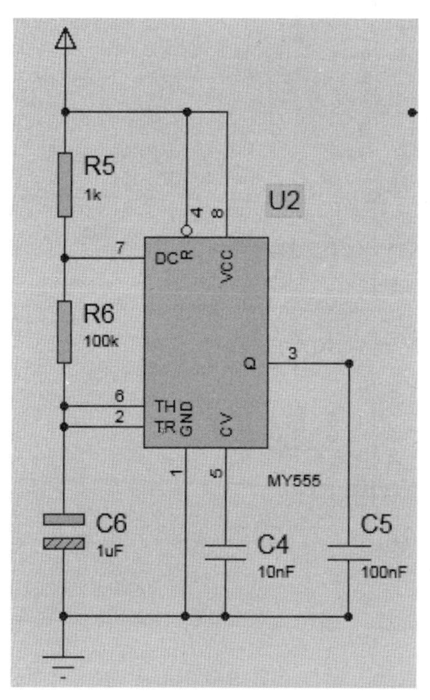
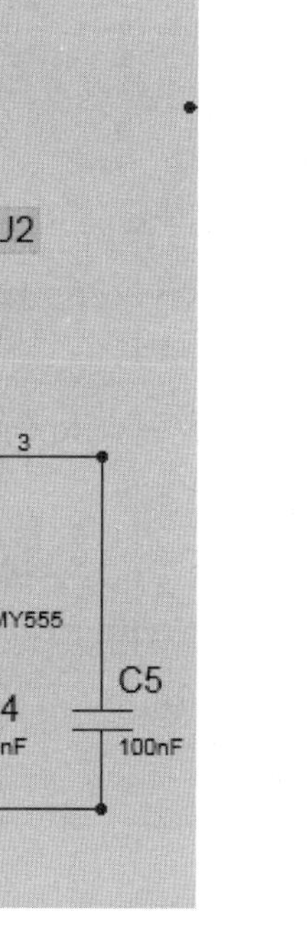

图 3－2　信号产生仿真电路

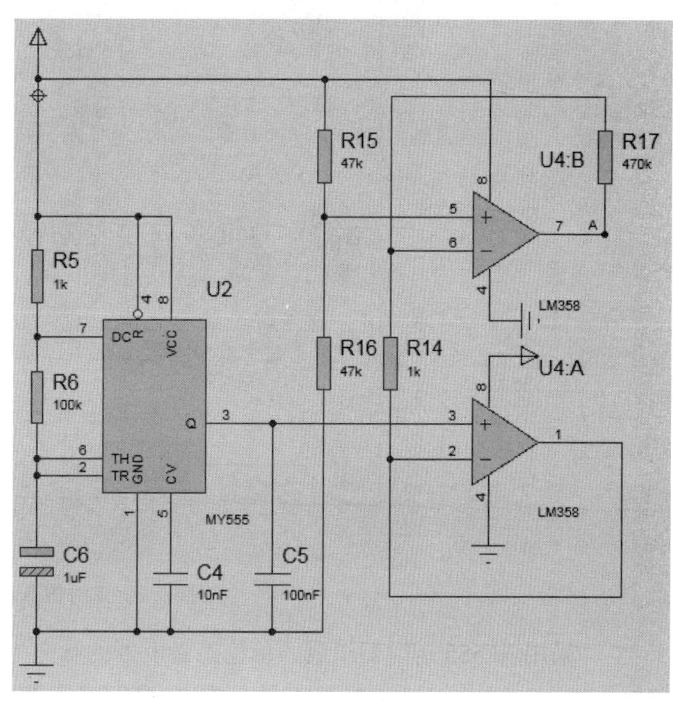

图 3－3　信号整形仿真电路

3. 定时电路

定时电路的功能是产生一个脉冲宽度为 30 s 或 60 s 的脉冲信号，并在 30 s 或 60 s 的时间内完成脉搏跳动次数的测量任务。

由 NE555 定时器构成的单稳态触发器完成门控电路，控制计数器 CD4553 的启停，即控制每次测量时间，其仿真电路如图 3－4 所示。

（1）当接通电源时，2 脚为高电平，NE555 定时器的 3 脚输出为低电平，晶体管 Q_1 截止，Q_1 的集电极为高电平，计数器 CD4553 不计数，D_2 不亮。

（2）当按下按钮时，2 脚为低电平，低于 1/3 电源电压，NE555 定时器内部的 CMP2 输出高电平，触发器 FF 被置“1”，即 3 脚输出高电平，Q_1 饱和导通，集电极为低电平，D_2 发光，计数器 CD4553 清零，开始计数。同时 NE555 定时器的内场效应管截止，电源通过 R_4 给 C_2 充电，C_2 的电压逐渐增高。

（3）当 C_2 的电压充到为 2/3 电源电压时，NE555 定时器内部的 CMP1 输出高电平，触发器置“0”，3 脚输出低电平，Q_1 的集电极输出高电平，计数器 CD4553 的 11 脚变为高电平，计数器停止计数，同时 NE555 定时器的内场效应管导通，电容 C_2 通过场效应管迅速放电到低电平，返回稳定状态，定时结束。

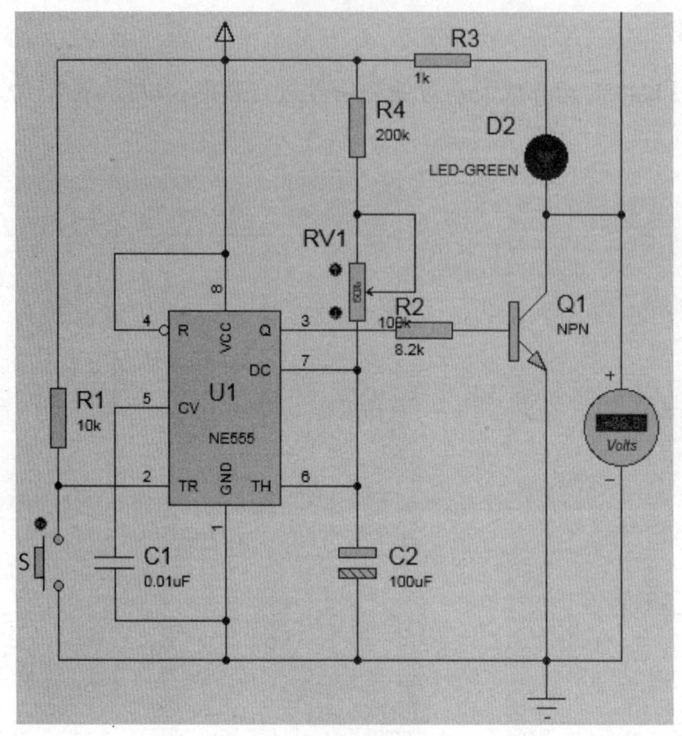

图 3-4　定时仿真电路

采用 NE555 定时器组成的单稳态触发器的脉宽为

$$T = 0.693(R_4 + R_{V1})C_2$$

4. 计数、译码和显示电路

脉搏测量仪的计数电路采用 CD4553 作为计数器，译码电路采用 CD4511 作为计数器，其仿真电路如图 3-5 所示。

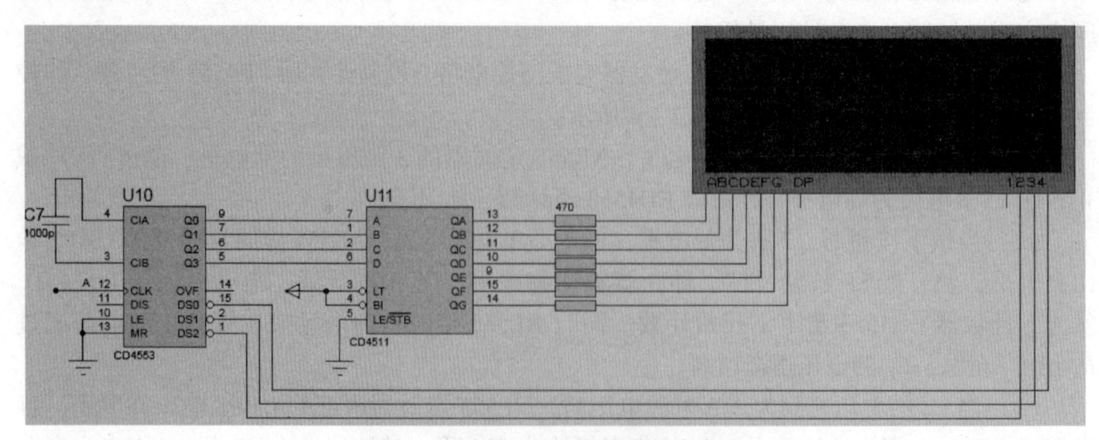

图 3-5　计数、译码和显示仿真电路

计数器 CD4553 的两个特点为：

(1) 有多种功能，如锁存控制、计数允许、计满溢出和清零等；

(2) 是3位十进制计数器，但只有1位输出端（输出BCD码），要完成3位输出，采用扫描方式，通过它的选通脉冲信号，依次控制3位十进制的输出，从而实现扫描显示方式。

CD4511是常用的BCD码——七段显示译码器，它本身由译码器和输出缓冲器组成，具有锁存、译码和驱动等功能，其输出的最大电流可达25 mA，可直接驱动共阴LED数码管，实现数字或符号的显示。

5. 总电路图

脉搏测量仪设计仿真电路如图3－6所示。

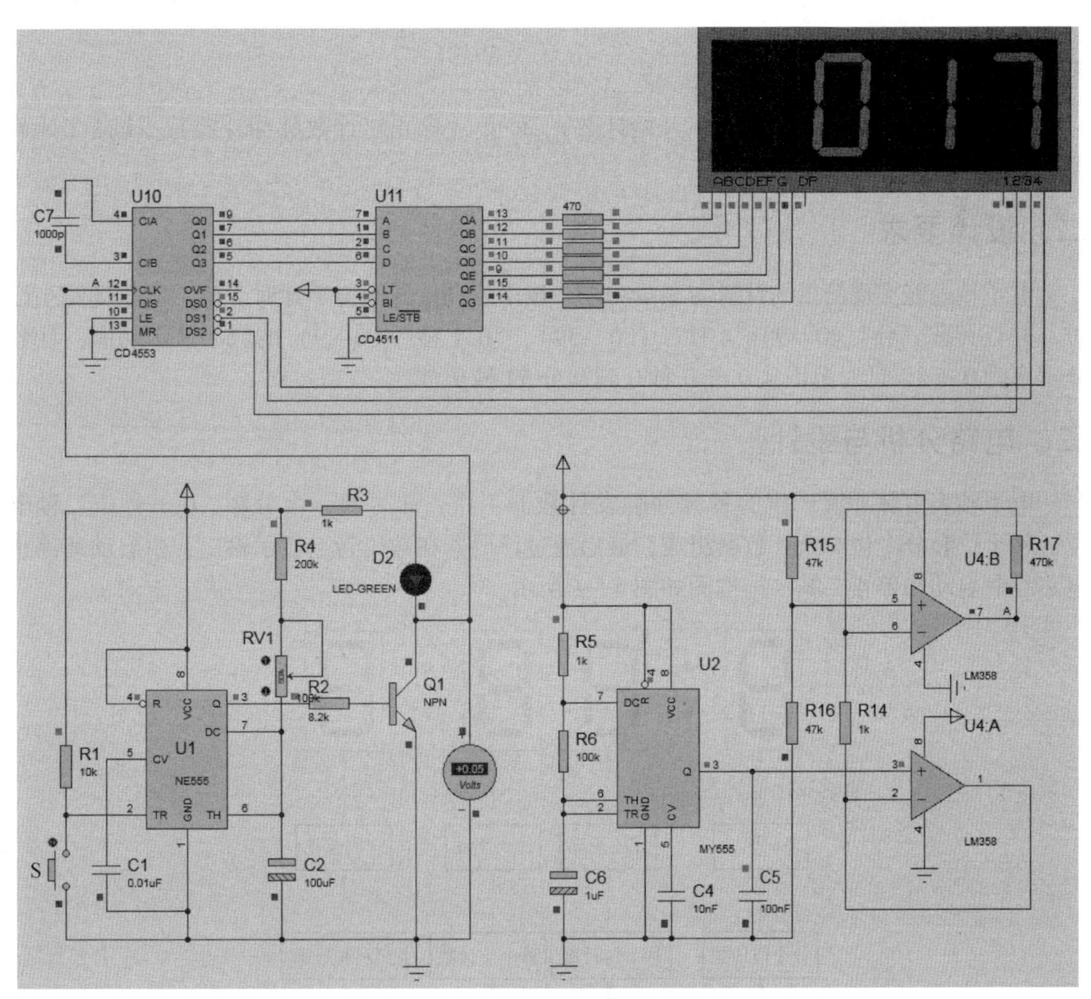

图3－6 脉搏测量仪设计仿真电路

按下S按键，NE555定时器产生的定时脉宽控制信号控制计数器CD4553的DIS端，信号放大电路、滤波电路、整形电路把信号发生器产生的正弦波变成5 V的方波信号输入到计数器CD4553的CLK端，在定时时间内，对方波信号的频率进行计数，得到信号频率。

项目四

电子秒表

一、设计功能

电子秒表应具有启动（清零后开始计数）、停止（停止对计数脉冲计数）、计时（计数器）和显示（显示时间）功能。

二、设计要求

电子秒表能实现简单的计时与显示功能，按下启动键开始清零计时，按下停止键停止计时，并且具有“分”（0～9）、“秒”（00～59）、“0.1 秒”（0～9）的数字显示功能，计数分辨率为 0.1 s，计时范围从 0 分 0 秒 0 到 9 分 59 秒 9。

三、电路分析与设计

电子秒表由脉冲源产生的秒脉冲触发计数器工作，计时部分由分频、0.1 秒位、秒个位、秒十位和分个位 5 个计数器组成，最后通过译码器在数码管上显示输出，由启动和停止电路控制启动和停止，其结构框图如图 4－1 所示。

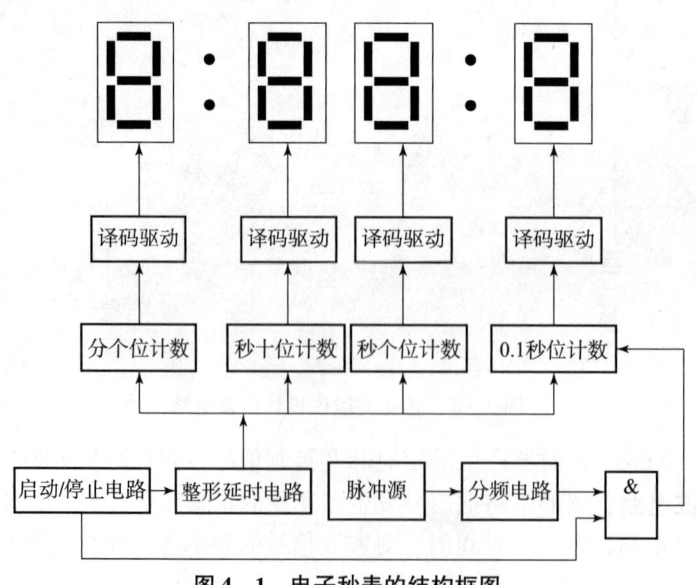

图 4－1　电子秒表的结构框图

1. 脉冲源电路

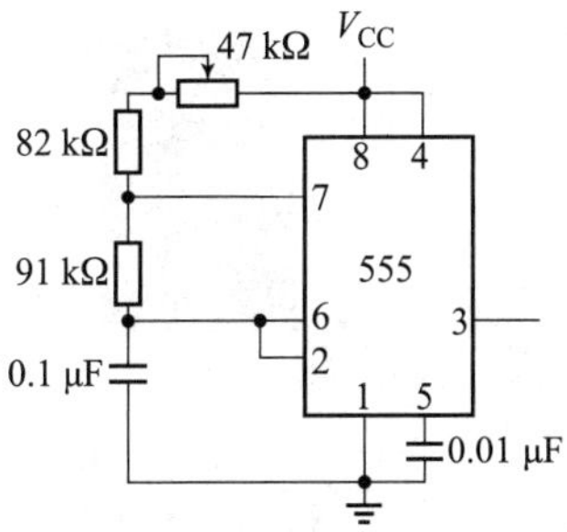

用 NE555 定时器构成多谐振荡器，输出频率为 50 Hz 的矩形波信号，其脉冲源电路如图 4－2 所示。

图 4－2　脉冲源电路

2. 分频电路

由 74LS90 构成五进制计数器，对脉冲源电路产生的频率为 50 Hz 的时钟脉冲进行五分频，在输出端 Q_D 取得周期为 0.1 s 的矩形脉冲，作为时间计数单元的时钟输入。

3. 启动/停止电路

基本 *RS* 触发器为启动和停止秒表提供控制信号。按下启动键，秒表开始清零计时；按下停止键，秒表停止计时，其电路如图 4－3 所示。

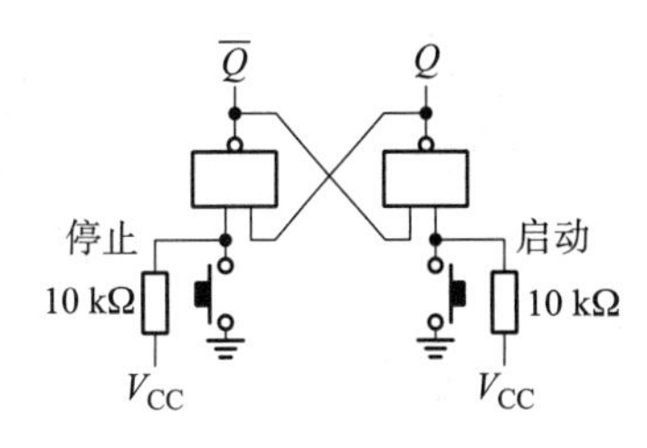

图 4－3　启动/停止电路

按下启动键，$Q=1$，$\overline{Q}=0$，与非门开启，开始计数；按下停止键，$Q=0$，$\overline{Q}=1$，与非门关闭，停止计数，停止键复位后 Q、$\overline{Q}$ 状态保持不变。

4. 脉冲整形电路

将启动和停止电路的按钮按下，此电路输出一个持续时间一定的有效信号（负脉冲），在此期间，即使按钮有几个连续的负脉冲，但电路输出仍保持低电平，从而将按钮的抖动屏蔽掉，其电路如图 4－4 所示。

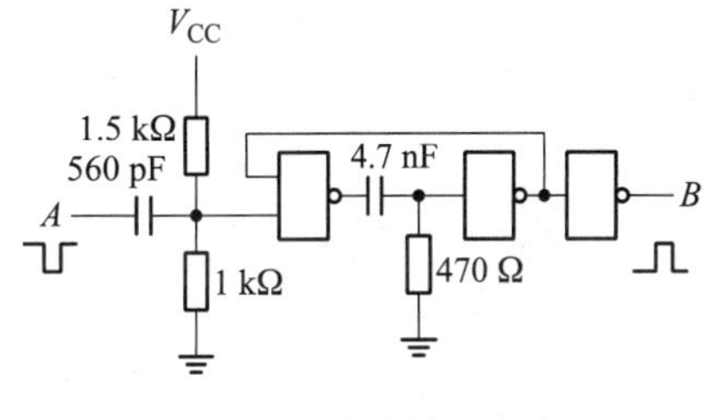

图 4－4　脉冲整形电路

按下启动键，当 $\overline{Q}$ 由 1 变为 0 时，送出负脉冲，启动单稳态触发器工作，在 *B* 点产生一暂态信号（正脉冲），提供给 74LS90 短暂清零。

5. 译码、驱动电路

用 CD4511 驱动共阴 LED 显示器的 BCD8421，用 4 个 CD4511，可分别显示 0.1～0.9 s、00～59 s、0～9 min 计时。

6. 总电路图

电子秒表设计仿真电路如图 4－5 所示。

由 NE555 计时器产生的 50 Hz 矩形波经计数器五分频后，在 U2 的 Q_3 端取得周期为 0.1 s的矩形脉冲，作为计数器 U9 的时钟输入，U6、U7、U8、U9 依次接成 8421 码十进制、六十进制、十进制计数器，其输出与译码显示单元的相应输入端连接，可显示 0.1～0.9 s、00～59 s 和 0～9 min 计时。如不需要计时或暂停计时，按一下停止按键，计时立即停止，数码管保留计时的数值。

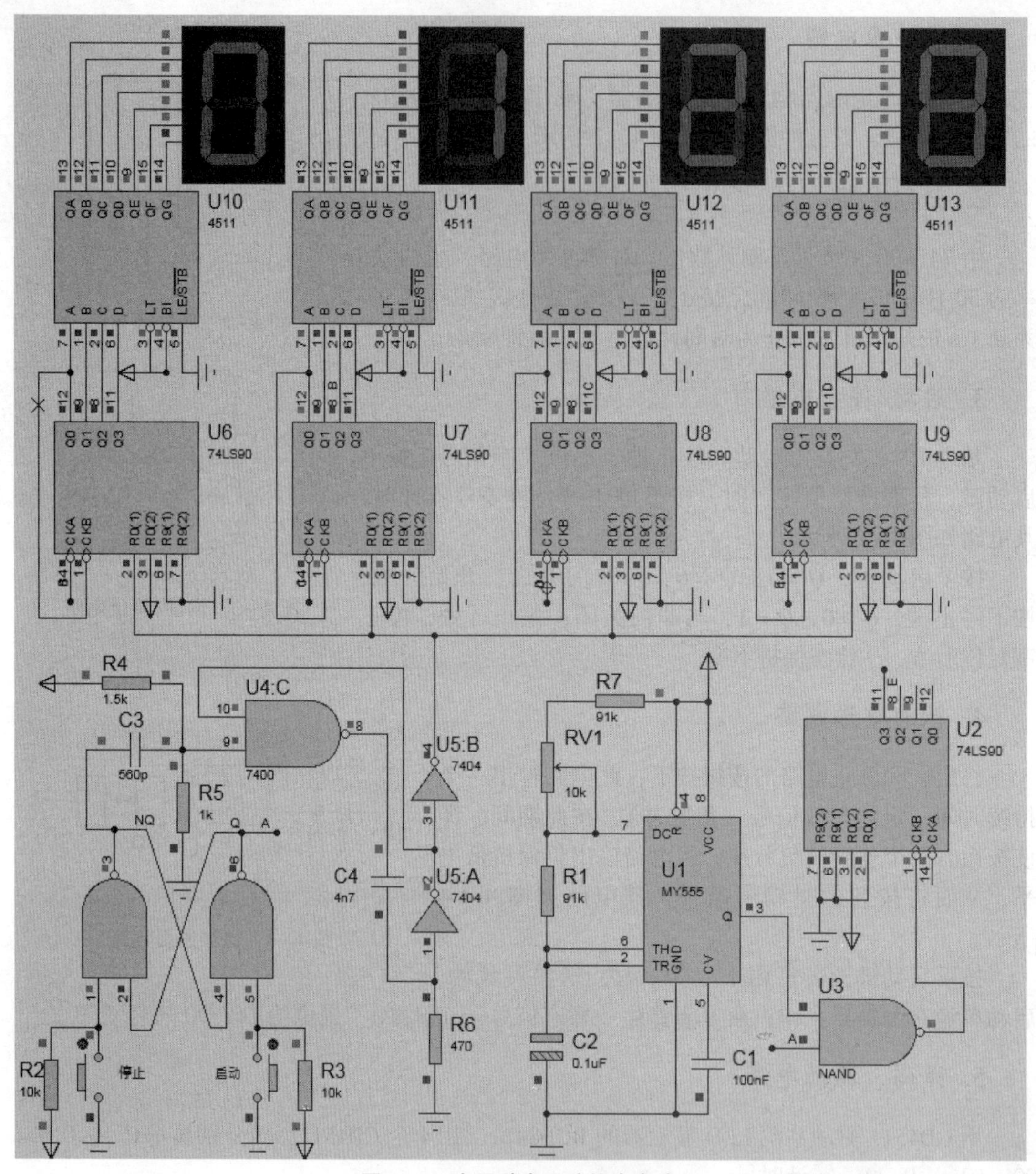

图 4-5 电子秒表设计仿真电路

项目五

数字电路交通灯控制器

一、设计功能

在由一条主干道和一条支干道汇合形成的十字交叉路口，为确保车辆安全、迅速地通行，在每一个入口处设置红、黄、绿三色信号灯，通过数字电路交通灯控制器进行控制；红灯亮表示禁止通行；绿灯亮表示允许通行；黄灯亮表示让行驶中的车辆有时间停靠在禁止线外，以此来实现红绿灯对城市交通的自动指挥。

通过控制器可以对路口两个方向的通行时间进行调整。当任何一个方向出现特殊情况时，按下手动开关，只令其中一个方向的车辆通行，倒计时停止，当特殊情况结束后，按下手动开关恢复正常状态。

二、设计要求

设计一个十字路口的交通灯控制器，十字路口分为主干道、次干道，两干道的车辆交替运行，红灯亮表示禁止通行，绿灯亮表示可以通行。主干道放行时间为 30 s，次干道为 20 s；每次绿灯变红灯时，黄灯先亮 5 s（另外一条道上依然是红灯）；干道上有数字显示的时间提示，方便人们把握时间。要求主、次干道上通行时间和黄灯亮的时间都是以秒减计数；黄灯亮时，红灯闪烁。可适当设置干道通行的时间，使两个方向能根据车流量的大小来自动调节通行时间；当车流量大时，通行时间长；当车流量小时，通行时间短。考虑到特殊车辆的情况，可设置一个紧急转换开关，使紧急红灯闪烁，蜂鸣器提示。

三、电路分析与设计

交通灯的信号分为时间信号和通行信号，时间信号用于提示等待和通行的时间，通行信号则由颜色为红、黄、绿的三种灯来实现。因此，电路可由两部分组成：一部分为信号部分，包括用于控制交通信号灯点亮与熄灭的控制部分和信号灯；另一部分为计时部分，以 30 s 为循环的周期来倒计时，由计数器和显示器构成。

在实现上述两部分的功能以后，计时部分会输出一个反馈信号给信号部分，在特定时刻来实现信号灯的状态切换。

1. 十字路口交通灯控制器的系统设计

交通灯系统框图如图 5－1 所示。秒脉冲发生器产生整个定时系统的基脉冲，由减法计数器对显示时间进行计算达到控制每种工作状态持续时间的要求，当减法计数器的回零脉冲使状态控制器完成状态转换时，状态译码器根据系统的下一个工作状态决定下一个减法计数器的初始值。减法计数器的状态由 BCD 译码器和显示管显示。在黄灯亮的期间，状态译码器将秒脉冲引入红灯控制电路，红灯闪烁。

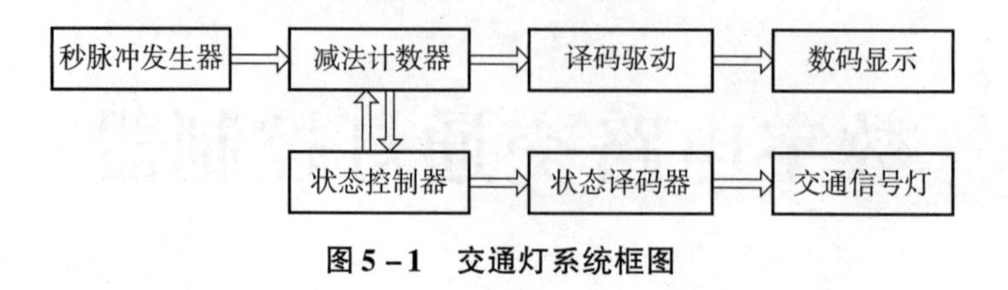

图 5－1　交通灯系统框图

2. 交通灯的状态控制器设计

交通灯信号流程图如图 5－2 所示，可将其分为 4 种状态。A_0 表示主干道绿灯亮，次干道红灯亮；A_1 表示主干道黄灯亮，次干道红灯闪烁；A_2 表示主干道红灯亮，次干道绿灯亮；A_3 表示主干道红灯闪烁，次干道黄灯亮。

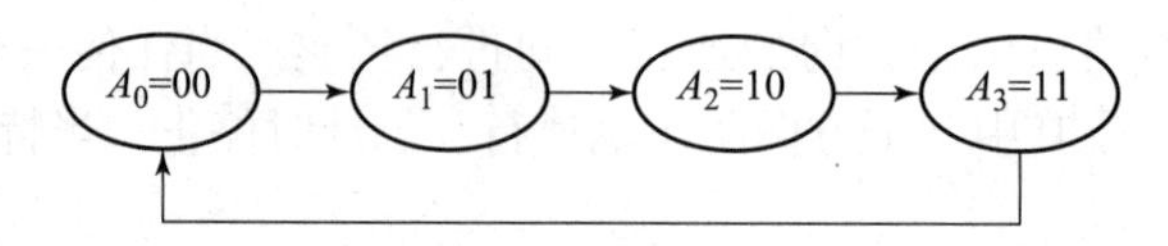

图 5－2　交通灯信号流程图

1）秒脉冲发生器

采用由 NE555 定时器组成的多谐振荡器来产生周期为 1 s 的时钟脉冲，从而为 30 s 倒计时提供脉冲输入。这里取 $R_1=51\ \text{k}\Omega$，$R_2=47\ \text{k}\Omega$，$C=10\ \mu\text{F}$。

由于振荡周期 $T=0.7(R_1+2R_2)C=0.7\times(51\ \text{k}\Omega+2\times47\ \text{k}\Omega)\times10\ \mu\text{F}=1.015\ \text{s}$，故可为计时电路及信号电路提供时钟，秒脉冲发生器电路如图 5－3 所示。

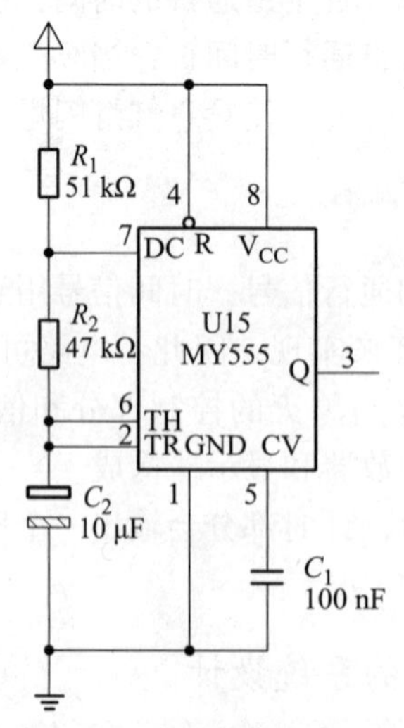

图 5－3　秒脉冲发生器电路

2）计数器电路设计

采用74LS192芯片作为计数器。74LS192芯片是同步的加减计数器，具有清除和置数的功能。74LS192芯片的引脚如图5－4所示。

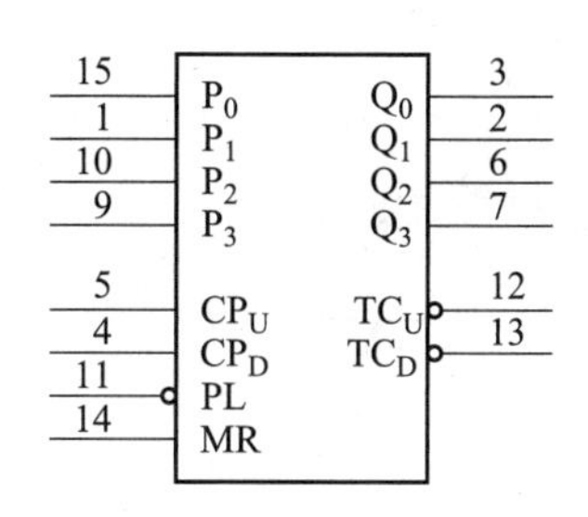

图5－4 74LS192芯片的引脚

其中 P_0、P_1、P_2、P_3——芯片的输入端，在置数功能时使用。

Q_0、Q_1、Q_2、Q_3——芯片的输出端，输出为8421BCD码，Q_0对应最低位，Q_3对应最高位。

CP_D、CP_U——功能选择端，当CP_D输入时钟脉冲信号时，CP_U输入“1”，芯片以信号时钟时间为周期作常规减法计算，即减1法；当CP_U输入时钟脉冲信号时，CP_D输入“1”，芯片作加法运算。

TC_D、TC_U——分别对应借位输出和进位输出，PL端口为置数端。

MR——清零端。

74LS192的特性见表5－1。

表5－1 74LS192的特性

输入								输出			
MR	CP_U	CP_D	PL	P_3	P_2	P_1	P_0	Q_3	Q_2	Q_1	Q_0
1	×	×	×	×	×	×	×	0	0	0	0
0	×	×	0	d	c	b	a	d	c	b	a
0	CP		1	×	×	×	×	加法计数			
0		CP	1	×	×	×	×	减法计数			

三十进制计数器的设计如图5－5所示。两个74LS192分别作为高位和低位计数器，低位借位端TC_D连接高位减脉冲输入端DN，实现借位，当高位为0时，低位再次借位，高位瞬间出现9，由与非门置为3，重新开始计数。

因为计数为30，实验中作为十位的计数器输入端置为0011，作为个位的计数器输入端置为0000。

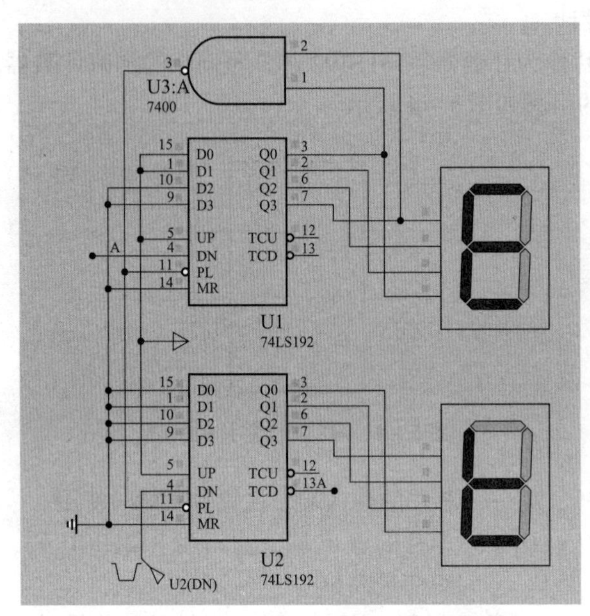

图 5-5　三十进制计数器仿真电路

3. 状态译码电路的设计

主、次干道上红、黄、绿信号灯的状态主要取决于状态控制器的输出状态，其真值表见表 5-2。

表 5-2　红、黄、绿信号灯的状态真值表

状态控制输出		主干道信号灯			次干道信号灯		
Q_2	Q_1	R（红）	Y（黄）	G（绿）	r（红）	y（黄）	g（绿）
0	0	0	0	1	1	0	0
0	1	0	1	0	1	0	0
1	0	1	0	0	0	0	1
1	1	1	0	0	0	1	0

由真值表得到逻辑表达式如下。

主干道红、黄、绿灯：

$$R = Q_2,\ \overline{R} = \overline{Q_2}$$

$$Y = \overline{Q_2} \cdot Q_1,\ \overline{Y} = \overline{\overline{Q_2} Q_1}$$

$$G = \overline{Q_2} \cdot \overline{Q_1},\ \overline{G} = \overline{\overline{Q_2} \cdot \overline{Q_1}}$$

次干道红、黄、绿灯：

$$r = \overline{Q_2},\ \overline{r} = Q_2$$

$$y = Q_2 \cdot Q_1,\ \overline{y} = \overline{Q_2 \cdot Q_1}$$

$$g = Q_2 \cdot \overline{Q_1},\ \overline{g} = \overline{Q_2 \cdot \overline{Q_1}}$$

由状态真值表可知，当黄灯亮时，红灯闪烁。无论如何，当黄灯亮时，Q_1 一定为高电平，即$\overline{Q}_1$ 为低电平。于是可以利用 Q_1 信号去控制三态输出高有效四总线缓冲门（74LS125），当 Q_1 为高电平时，将脉冲信号连接到驱动红灯的与非门一端，这样就可使红灯闪烁（黄灯亮时），如果三态门电路被封锁，则红灯不受 Q_1 黄灯信号影响。当 $G=0$ 时，$Y=A$；当 $G=1$ 时，三态门电路为高阻态，封锁。根据信号灯的逻辑表达式，设计出交通灯状态显示仿真电路，如图 5－6 所示。指示灯为高电平时才会点亮，Q_1 和 Q_2 的状态通过状态控制器来控制。通过 $\overline{G}$ 控制主干道绿灯亮、次干道红灯亮时数码管的计数显示，$\overline{g}$ 控制主干道红灯亮、次干道绿灯亮时数码管的计数显示；$\overline{Q}_1$ 控制黄灯亮、红灯闪烁时数码管的计数显示。

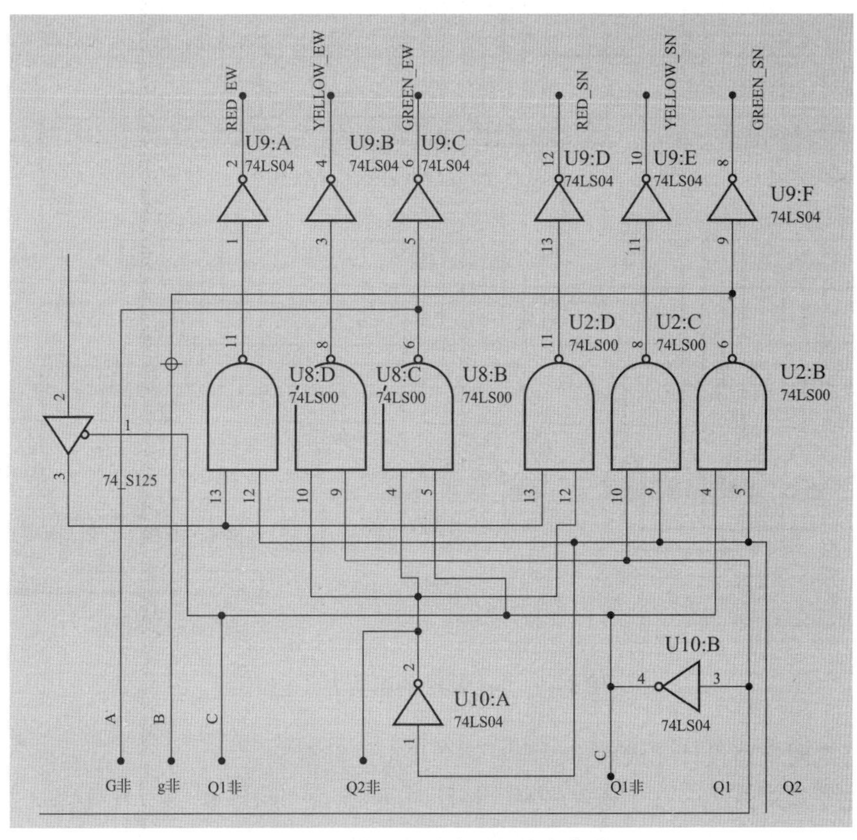

图 5－6　交通灯状态显示仿真电路

4. 交通灯定时电路设计

交通灯控制系统要求有 30 s、20 s、5 s 的定时功能。由两片 74LS192 构成的 2 位十进制可预置减法计数器，其时间通过 3 片八同相三态总线收发器 74LS245 来完成，3 片 74LS245 的输入数据分别为 30（$A_8 \sim A_1$ 为 0011 0000）、20（$A_8 \sim A_1$ 为 0010 0000）、30（$A_8 \sim A_1$ 为 0000 0101），任一输入数据到减法计数器的置入由状态控制器的输出信号控制不同 74LS245 的选通信号来实现。

当状态处于 $A_1 = Q_2Q_1 = 01$ 和 $A_3 = Q_2Q_1 = 11$ 时，黄灯亮且红灯闪烁，持续时间为 5 s，

则由控制信号 Q_1 去控制 74LS245 的选通信号。由于 74LS245 的选通信号要求低电平有效，因此，把 $\overline{g}$ 接一反相器成为$\overline{Q_1}$来连接相应的 74LS245。

同理，当状态处于 $A_0 = Q_2Q_1 = 00$ 时，由设计内容可知持续时间为 30 s，74LS245 的选通信号就接主干道的绿灯信号 $\overline{G}$。当状态处于 $A_2 = Q_2Q_1 = 10$ 时，由设计内容可知持续时间为 20 s，74LS245 的选通信号就接主干道的绿灯信号 $\overline{g}$。3 个 74LS245 的驱动仿真电路如图 5－7 所示。图 5－7 中的 A、B、C 分别接图 5－6 的 $A(\overline{G})$、$B(\overline{g})$、$C(\overline{Q_1})$。

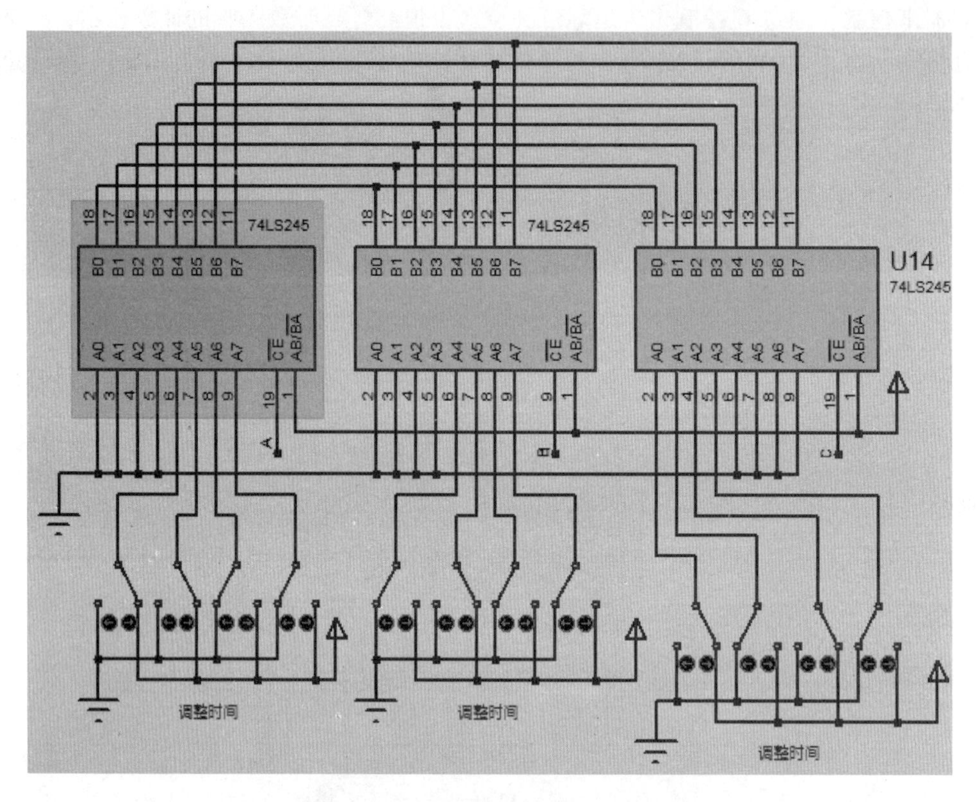

图 5－7　74LS245 的驱动仿真电路

交通灯定时电路设计完成后，需要对每个状态进行测试。

A_0：主干道绿灯亮，次干道红灯亮，持续时间 30 s，即 $\overline{G}=0$、$\overline{g}=1$、$\overline{Q_1}=1$。

A_1：主干道黄灯亮，次干道红灯闪烁，持续时间 5 s。

A_3：主干道红灯闪烁，次干道黄灯亮，持续时间 5 s，即 $\overline{G}=1$、$\overline{g}=1$、$\overline{Q_1}=0$。

A_2：主干道红灯亮，次干道绿灯亮，持续时间 20 s，即 $\overline{G}=1$、$\overline{g}=0$、$\overline{Q_1}=1$。

5. 状态转换控制器电路设计

交通信号灯的一个循环周期为 55 s，东西向与南北向总共有 4 个状态，即当交通信号灯为东西向红灯时，南北向有绿色、黄色 2 个状态；同样地，当交通信号灯为南北向红灯时，东西向有绿色、黄色 2 个状态，总共为 4 个状态。因此，可以用二进制数表示为 00、01、10、11。由于 4 位二进制计数器 74LS163 可以实现上述 4 个状态的循环，故采用此芯片作为信号灯的状态转换控制器。74LS163 的引脚如图 5－8 所示。

引脚说明如下：

（1）D_0、D_1、D_2、D_3 管脚为芯片的输入端，D_0 为最低位，D_3 为最高位，用于置数输入。

（2）*ENP*、*ENT* 两个输入端是功能选择端，当两者输入至少有一个为低电平时，实现保持功能；当两者输入都为高电平时，实现计数功能。

（3）*MR* 端口为清零端。

（4）*CLK* 为时钟脉冲输入端。

（5）*LOAD* 为置数端。

（6）*RCO* 为进位输出端。

（7）Q_0、Q_1、Q_2、Q_3 为输出端，从左至右顺序，Q_3 为高位。

74LS163 的功能见表 5－3。

图 5－8　74LS163 的引脚

表 5－3　74LS163 的功能表

输入									输出			
CLR	*CP*	*LOAD*	*ENP*	*ENT*	D_3	D_2	D_1	D_0	Q_0	Q_1	Q_2	Q_3
0	↑	×	×	×	×	×	×	×	0	0	0	0
1	↑	0	×	×	*d*	*c*	*b*	*a*	*d*	*c*	*b*	*a*
1	↑	1	0	×	×	×	×	×	保持			
1	↑	1	×	0	×	×	×	×	保持			
1	↑	1	1	1	×	×	×	×	加法计数			

状态控制器利用一个 74LS163（加法器）实现功能，它的执行状态顺序为 00→01→10→11，当它的执行状态为 11 时，执行清零操作。状态控制器的仿真电路如图 5－9 所示。

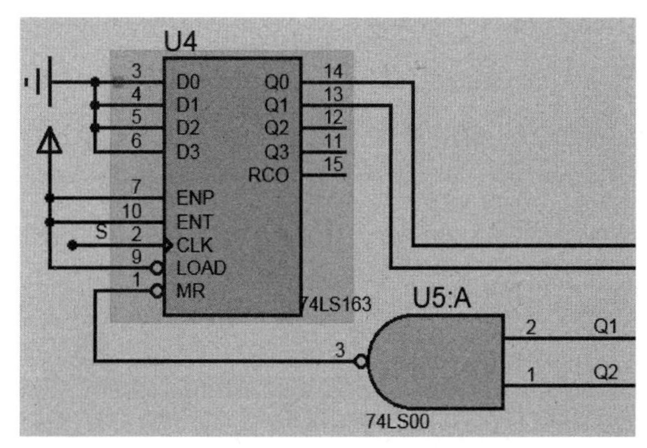

图 5－9　状态控制器的仿真电路

6. 手动开关控制电路设计

手动开关控制的仿真电路如图 5－10 所示，当开关拨到蜂鸣器端时，主次干道上时间显示停止计时，红黄绿灯不变，蜂鸣器发声。

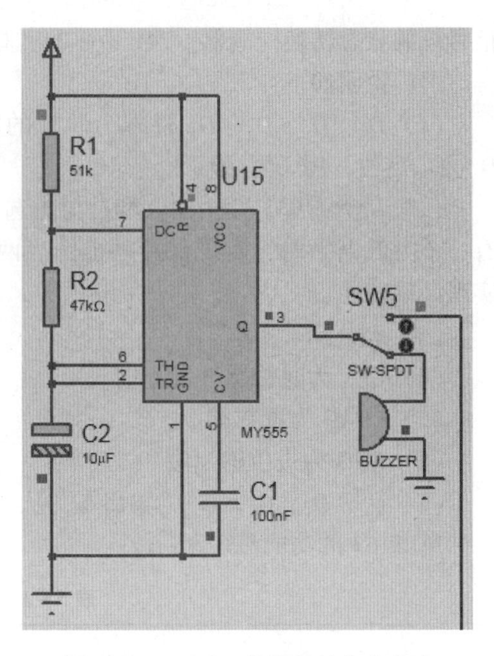

图 5－10　手动开关控制的仿真电路

7. 总电路图

交通信号灯控制器主要由计时器、秒脉冲发生器、状态转换控制器、译码显示电路及信号灯组成。状态转换控制器由 74LS163 实现，通过该芯片的计数功能实现四种状态的循环转换；计时器电路是由 74LS192 在秒脉冲信号的作用下实现计时功能；显示电路是通过 74LS192 计时器的倒计时功能，控制在七段 8421BCD 数码显示器上显示数据来实现功能。计时器通过 *ENP* 对状态转换控制器进行控制，从而实现数字的显示及绿、黄、红灯的转换。将设计的各单元电路进行级联，得到数字电路实现交通灯控制的仿真电路，如图 5－11 所示。

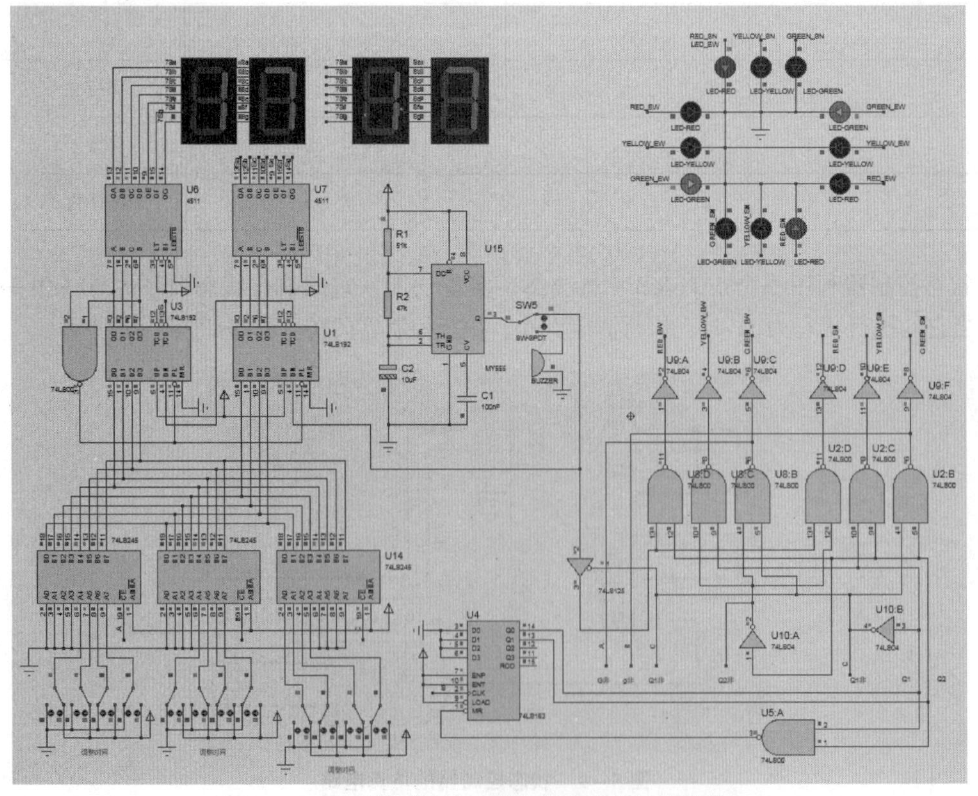

图 5－11　数字电路实现交通灯控制的设计仿真电路

中篇　专业综合实训

本篇详细设计了6个典型的综合实训项目，读者可以参考具体的设计方法思路，自主进行设计。此外还设计了32个拓展训练项目，只介绍了设计功能和要求，读者可以根据设计功能和要求进行总体方案、硬件电路、软件程序设计，并完成仿真、实物制作与调试、实训报告。

项目六

实时温度测量系统

一、功能要求

实时温度测量系统采集温度传感器的输出信号，并将信号送到数码管显示，然后将温度数据与用户设定的温度上、下限值作比较，当温度低于设定值时，打开继电器；当温度高于设定值时，启动报警器；当温度在设定值范围内时，LED 灯闪烁。同时启动实时时钟芯片 DS1302，在测量温度时，通过按键切换显示时间。系统硬件部分主要由单片机最小系统、数码管显示（8 位）、实时时钟芯片 DS1302、DS18B20 温度传感器、继电器、报警器、AT24C02 等模块组成，如图 6－1 所示。

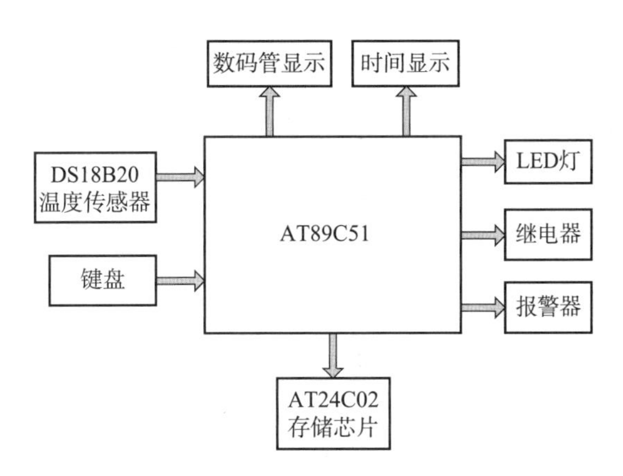

图 6－1　系统硬件组成

二、硬件电路

实时温度测量系统主要由 AT89C51 单片机、8 位数码管、温度传感器 DS18B20、AT24C02、独立按键等构成，其仿真电路如图 6－2 所示。

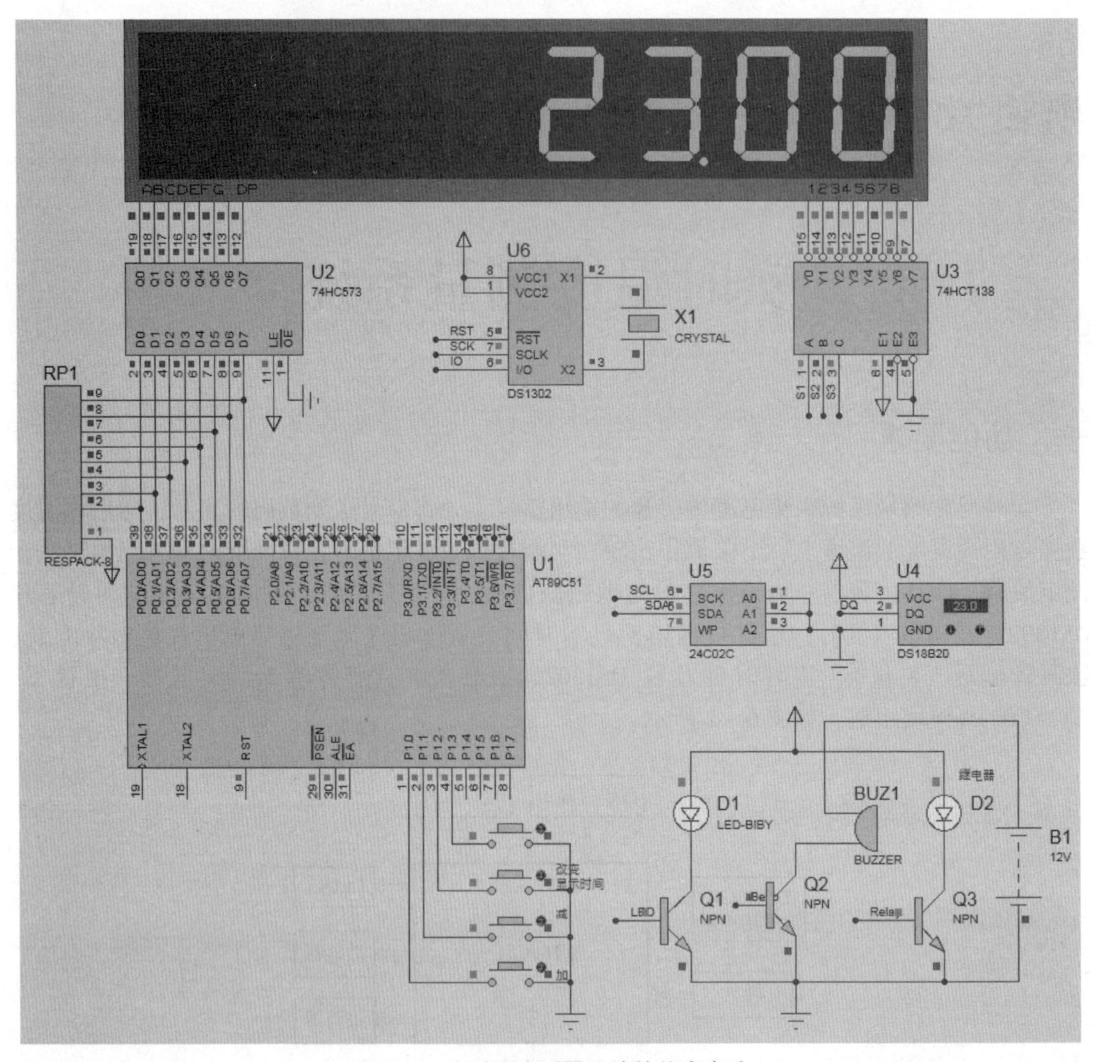

图 6－2 实时温度测量系统的仿真电路

三、软件程序参考

```
/*
使用独立键盘 K1 - K4
K1 加
K2 减
K3 切换设置最大最小值
K4 切换显示界面
*/

//将传入温度与设定的温度上下限值作比较并进行判断
```

```
void Judge(int Temp)//传入的温度值
{
        Temp=100;
        if(Temp>MaxTemp)
        {
                Alarmflag=1;
                LedFlag=0;
                Relay=1;
        }
        else if(Temp<MinTemp)
        {
                Alarmflag=0;
                LedFlag=0;
                Relay=0;
        }
        else if((Temp>MinTemp)&&(Temp<MaxTemp))
        {
                Alarmflag=0;
                LedFlag=1;
                Relay=1;
        }
}
//动作执行函数
void DoIt()
{
        static char i;
        if(Alarmflag)
        {
                 Beep=!Beep;
                 LED=1;
        }
        if(Ledflag)
        {
                i++;
                if(i==30)
                      {
                           i=0;
```

```
                        LED = ! LED;
                    }
            }
    }
//Display(x1,x2,x3)是显示时间的函数,第一个参数表示第几个数码管显示,第//二个参数表示对应的数码管显示的数字,第三个参数表示是否显示小数点
void Display Time(void)
{
    Display(0,TIME[2]/16,0);
    Display(1,TIME[2]%16,0);
    Display(3,TIME[1]/16,0);
    Display(4,TIME[1]%16,0);
    Display(6,TIME[0]/16,0);
    Display(7,TIME[0]%16,0);
}
//显示温度
void Display Temp()
{
    //温度采集将最终的参数进行四舍五入,并将其放大 100 倍
    //20.55 ℃对应的 Temp 为 2055
    Display(4,Temp/1000,0);
    Display(5,Temp%1000/100,1);//小数点
    Display(6,Temp%100/10,0);
    Display(7,Temp%10,0);
}
//显示设置温度界面
void Display SetTemp()
{
    //Index 指当前设置的参数,在 index =1 的时候设置最大值
    //在 Index =2 时设置最小值
    if(Index ==1)
    {
        /*DisplayFlag 是通过定时器产生的变量,定时器每隔 0.5 s 翻转一次,变
    量为 1 时显示最大值,为 0 时不显示,从而实现设置参数的闪烁效果*/
        if(DisplayFlag)
        {
            Display(0,MaxTemp/10,0);
```

```
                Display(1,MaxTemp%10,0);
            }
            Display(2,MinTemp/10,0);
            Display(3,MinTemp%10,0);
        }
        else if(Index ==2)
        {
            if(DisplayFlag)
            {
                Display(2,MinTemp/10,0);
                Display(3,MinTemp%10,0);
            }
            Display(0,MaxTemp/10,0);
            Display(1,MaxTemp%10,0);
        }
        Else  //没有调参数的时候 index =0,正常显示
        {
            Display(0,MaxTemp/10,0);
            Display(1,MaxTemp%10,0);
            Display(2,MinTemp/10,0);
            Display(3,MinTemp%10,0);
        }
        Display(6,Temp/1000,0);
        Display(7,Temp%1000/100,1);
}

//菜单界面,每隔相同的时间用定时器进行刷新
void Menu()
{
    switch(MenuNum)  //MenuNum 为全局变量,用来确定显示的界面
    {
        case 0:DisplayTemp();break;  //显示温度
        case 1:DisplayTime();break;  //显示时间
        case 2:DisplaySetTemp(); break; //显示设置温度的上下限
        default:break;
    }
}
```

```
void Timer1() interrupt 1
{
    static char i =0;
    TH0 =(65536 -10000)/256; //10 ms 对应的刷新频率为 100 Hz
    TL0 =(65536 -10000)%256;
    DoIt();//执行动作
    i ++;
    if(i ==40)  //0.5 s
    {
        DisplayFlag = ! DisplayFlag;//显示数码管调用参数的闪烁效果
        i =0;
    }
}

void Time1Init()
{
    TMOD =0x01;
    TH0 =(65536 -10000)/256;
    TL0 =(65536 -10000)%256;
    ET0 =1;
    EA =1;
    TR0 =1;
}
void main()
{
    uchar i =0;
    Ds1302Init();//初始化 DS1302
    ReadSetValue();//读取设置的温度上下限值
    /*除去 85 ℃误差值*/
    for(i =0;i <50;i ++)
    Temp =Ds18b20ReadTemp();//读取温度
    Time1Init();//定时器初始化
    while(1)
    {
        Ds1302ReadTime();//读取时间
        Temp =Ds18b20ReadTemp();//读取温度
        Judge(Temp); //判断温度上下限
```

```
        Menu();//显示界面
        KeyDown();  //检测键盘
    }
}
```

项目七

数字温湿度测量系统

一、功能要求

采用 ATC89C52 单片机和 SHT11 传感器设计数字温湿度测量系统，温度测量范围为 -40 ~ 120 ℃，湿度测量范围为 0 ~ 100%，采用液晶显示器，用发光二极管作为工作状态指示灯。

二、硬件电路

数字温湿度测量系统由单片机、数字温湿度传感器、液晶显示器、发光二极管等组成，仿真电路如图 7 - 1 所示。其中，传感器采用 I^2C 的方式与单片机相连，用单片机的 P1.0 和 P1.1 模拟 I^2C 的总线时序。

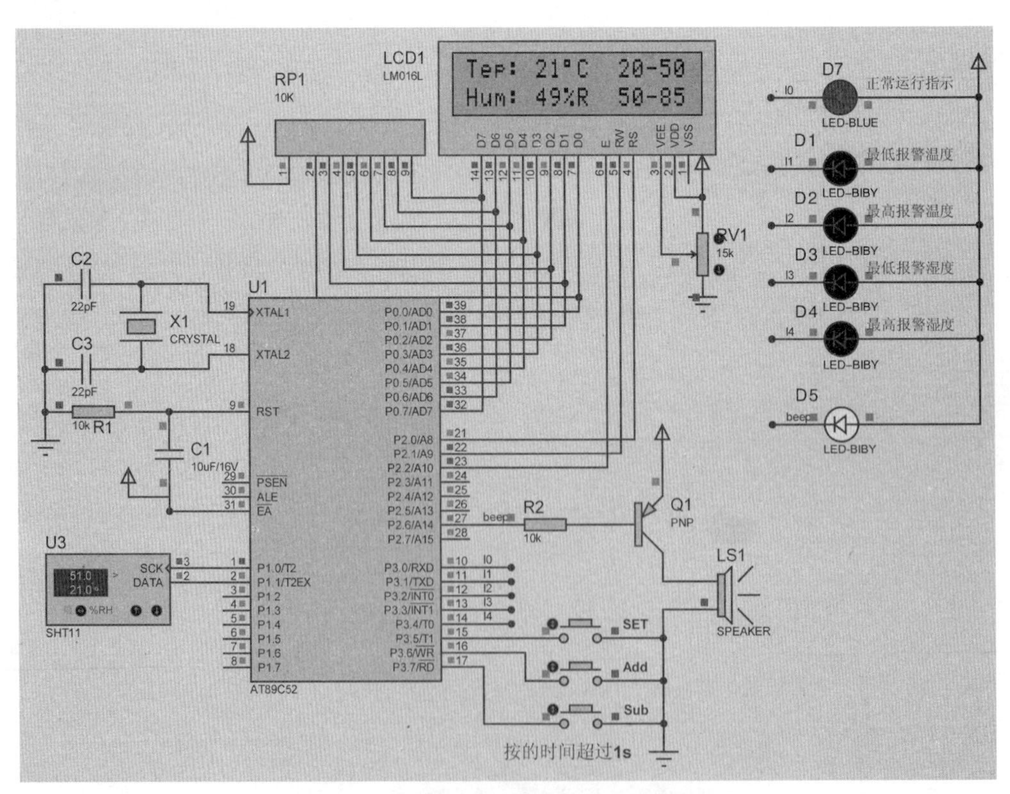

图 7 - 1 数字温湿度测量系统的仿真电路

三、软件程序参考

温湿度测量软件采用 C51 语言编写，在主函数中首先对液晶显示器和传感器进行初始化，然后启动传感器进行温湿度测量，计算湿度与温度，并将温度转换为 uchar 数据类型，最后通过液晶显示器将测量结果显示出来。

数字温湿度测量的程序如下。

```
/*端口定义
P1.0 ------SCK      (SHT11)
P1.1 ------DATA     (SHT11)
P0 ------DB0~DB7   (LCD1602)
P2.0 ------RS       (LCD1602)
P2.1 ------RW       (LCD1602)
P2.2 ------E        (LCD1602)
*/
//向 LCD 写入命令或数据
#define LCD_COMMAND0         //命令
#define LCD_DATA1        //数据
#define LCD_CLEAR_SCREEN0x01        //清屏
/*1602 液晶显示部分子程序*/
void LCD_Write(bit style, unsigned char input)
{
     LcdRs=style;
     P0=input;
     delay(5);
     LcdEn=1;
     delay(5);
     LcdEn=0;
}
void LCD_SetDisplay(unsigned char DisplayMode)
{    LCD_Write(LCD_COMMAND, 0x08|DisplayMode);
}
void LCD_SetInput(unsigned char InputMode)
{    LCD_Write(LCD_COMMAND, 0x04|InputMode);
}
//初始化 LCD
```

```
void LCD_Initial()
{
      LcdEn =0;
      LCD_Write(LCD_COMMAND,0x38);     //8 位数据端口,2 行显示,5 *7 点阵
      LCD_Write(LCD_COMMAND,0x38);
      LCD_SetDisplay(LCD_SHOW |LCD_NO_CURSOR);     //开启显示, 无光标
      LCD_Write(LCD_COMMAND,LCD_CLEAR_SCREEN);   //清屏
      LCD_SetInput(LCD_AC_UP |LCD_NO_MOVE);       //AC 递增, 画面不动
}
//液晶字符输入的位置
void GotoXY(unsigned char x, unsigned char y)
{
     if(y ==0)
            LCD_Write(LCD_COMMAND,0x80 |x);
     if(y ==1)
            LCD_Write(LCD_COMMAND,0x80 |(x -0x40));
}
//将字符输出到液晶显示
void Print(unsigned char *str)
{
      /*指针方法,不断校验*str 的值是否是空字符'\0',如果是空字符则跳出循
环,不断写入字符,指针地址 +1 */
      while( *str! ='\0')
      {
            LCD_Write(LCD_DATA, *str);
            str ++;
      }
}
void zhuanhuan(float a)//将浮点数转换成字符串函数
{
      memset(str,0,sizeof(str)); //将 str 字符串数组所对应的空间全部置 0
      sprintf (str,"%f", a);/*类似 printf 函数格式化输入函数,将"%f"对
应的浮点数 a 复制到字符串数组 str 中*/
}

//SHT11 设置
typedef union
{
      unsigned int i;       //定义两个共用体
```

```
        float f;
    }
    value;
    enum {TEMP,HUMI};  /* TEMP = 0,HUMI = 1 枚举变量,声明的变量,对其赋值时只
能是 0 或 1(TEMP/HUMI),采用宏定义的好处是,当修改变量的值时,通过宏来改变可以很
简单的实现,在定义处改变它的值,就能改变全文中所有用到它的值,并且程序更直观 */
    #define noACK 0               //用于判断是否结束通信
    #define ACK   1               //结束数据传输
    #define STATUS_REG_W 0x06   //000   0011    0
    #define STATUS_REG_R 0x07   //000   0011    1
    #define MEASURE_TEMP 0x03   //000   0001    1
    #define MEASURE_HUMI 0x05   //000   0010    1
    #define RESET        0x1e   //000   1111    0
    /* ----------------------------------------
    模块名称:s_transstart();
    功能:启动传输函数;
    ---------------------------------------- */
    void s_transstart(void)
    {
      DATA = 1;
      SCK = 0;                    //初始状态
      _nop_();
      SCK = 1;
      _nop_();
      DATA = 0;
      _nop_();
      SCK = 0;
      _nop_();_nop_();_nop_();
      SCK = 1;
      _nop_();
      DATA = 1;
      _nop_();
      SCK = 0;
    }
```

```
/* -----------------------------------------
模块名称:s_connectionreset();
功能:连接复位函数;
----------------------------------------- */
void s_connectionreset(void)
{
   unsigned char i;
   DATA =1;
   SCK =0;                        //初始状态
   for(i =0;i <9;i + +)                       //9 个 SCK 周期
   {
      SCK =1;
      SCK =0;
   }
   s_transstart();                    //启动传输函数
}
/* -----------------------------------------
模块名称:s_write_byte();
功能:SHT11 写函数;
----------------------------------------- */
chars_write_byte(unsigned char value)
//在传感器上写入一个字节并检查确认
{
   unsigned char i,error =0;
   for (i =0x80;i >0;i/ =2)                 //屏蔽移位位
   {
      if (i & value)
          DATA =1;
      else
            DATA =0;
   SCK =1;
   _nop_();_nop_();_nop_();
   SCK =0;
}
   DATA =1;                          //释放数据线
   SCK =1;
```

```
    error = DATA;                    /* 检查确认(数据将由 SHT11 下拉),数据在第
9 个上升沿将被 SHT11 自动下拉为低电平。*/
    _nop_();_nop_();_nop_();
    SCK = 0;
    DATA = 1;                //释放数据线
    return error;  //返回:0 成功,1 失败
    }
    /* ------------------------------------ -
    模块名称:s_read_byte();
    功能:SHT11 读函数;
    ------------------------------------- */
    char s_read_byte(unsigned char ack)
    {
      unsigned char i,val = 0;
      DATA = 1;                              //释放数据线
      for (i = 0x80;i > 0;i / = 2)                //屏蔽移位位
      {
           SCK = 1;
           if (DATA)
                val = (val | i);         //读取位
           _nop_();_nop_();_nop_();
           SCK = 0;
           }
    if(ack == 1)
         DATA = 0;            //如果(ack == 1),下拉数据线
    else
         DATA = 1;                 //如果(ack == 0),完成读取后结束通信
    _nop_();_nop_();_nop_();
    SCK = 1;
    _nop_();_nop_();_nop_();
    SCK = 0;
    _nop_();_nop_();_nop_();
    DATA = 1;                              //释放数据线
    returnval;
    }
    /* 模块名称:s_measure();
```

```
功能:测量温湿度函数;
------------------------------------ */
chars_measure(unsigned char *p_value, unsigned char *p_checksum,
unsigned char mode)
//用校验和进行测量(湿度/温度)
{
      unsigned error=0;
      unsignedint i;
      s_transstart();                     //启动传输函数
      switch(mode){                       //向传感器发送命令
      case TEMP: error+=s_write_byte(MEASURE_TEMP); break;
      case HUMI: error+=s_write_byte(MEASURE_HUMI); break;
      default: break;
}
for (i=0;i<65535;i++)if(DATA==0)break; /* 等待传感器完成测量 */
if(DATA)
      error+=1;
*(p_value)=s_read_byte(ACK);     //读取第一个字节(MSB)
*(p_value+1)=s_read_byte(ACK);  //读取第二个字节(LSB)
*p_checksum =s_read_byte(noACK);  //读取校验和
return error;
}
/* ------------------------------------
模块名称:calc_sht11();
功能:温湿度补偿函数代码可以参考相应的资料,获取补偿公式,这里不再赘述;
------------------------------------ */
void calc_sht11(float *p_humidity ,float *p_temperature)
/* calculates temperature [C]and humidity [% RH]
input:humi [Ticks](12 bit)
temp [Ticks](14 bit)
output:  humi [% RH]
temp [C] */
```

```
{
  const float C1 = -8.84;              //对于12 位
  const float C2 = +0.0405;            //对于12 位
  const float C3 = -0.0000028;         //对于12 位
  const float T1 = +0.01;              //对于14 位
  const float T2 = +0.00008;           //对于14 位
  float rh = *p_humidity;              //rh:湿度(滴答声),12 位
  float t = *p_temperature;            //t:温度(滴答声),12 位
  float rh_lin;                        //rh_lin:线性湿度
  float rh_true;                       //* rh_true: 温度补偿湿度
  float t_C;                     //t_C:温度[C]
  t_C = t * 0.01 - 39.2;
  rh_lin = C3 * rh * rh + C2 * rh + C1;
  rh_true = (t_C -25) * (T1 + T2 * rh) + rh_lin;
  if(rh_true >100)rh_true =100;        //如果值不在范围内则削减
  if(rh_true <0.1)rh_true =0.1;        //物理量可能的范围
   *p_temperature = t_C;               //返回温度 [C]
   *p_humidity = rh_true;              //返回湿度[% RH]
}

void key(void)
{
    if(!set)
    {/ *while(!set); * /num + +;if(num >4)num =0;}
      switch(num)
      {

            case 0: l0 =0;l1 = l2 = l3 = l4 =1;break;//正常显示
            case 1: l1 =0;l0 = l2 = l3 = l4 =1;//调整温度最低值
                  if(!add)
                    {/ *while(!add); * /tmp_l ++;}
                  if(!sub)
                    {/ *while(!sub); * /tmp_l --;}
                  break;
            case 2: l2 =0;l1 = l0 = l3 = l4 =1;//调整温度最高值
                  if(!add)
                    {/ *while(!add); * /tmp_h ++;}
```

```
                if(!sub)
                  {/*while(!sub);*/tmp_h--;}
                break;
          case 3: l3 =0;l1 =l2 =l0 =l4 =1;//调整温度最低值
                if(!add)
                  {/*while(!add);*/hum_l ++;}
                if(!sub)
                  {/*while(!sub);*/hum_l --;}
                break;
          case 4: l4 =0;l1 =l2 =l0 =l3 =1;//调整温度最低值
                if(!add)
                  {/*while(!add);*/hum_h ++;}
                if(!sub)
                  {/*while(!sub);*/hum_h --;}
                break;
      }
}
//*************************** 主函数 ****************************
void main(void)
{
    valuehumi_val,temp_val;
    unsigned char error,checksum;
    char flg1,flg2;
    tmp_h =50;
    tmp_l =20;
    hum_h =85;
    hum_l =50;
    num =0;
    LcdRw =0;
    s_connectionreset();
    welcome();//显示欢迎画面
    delay(2000);
    LCD_Initial();
    while(1)
{
    error =0;
    error + =s_measure((unsigned char *) &humi_val.i,&checksum,HU-
    MI);  //测量湿度
```

```
    error + =s_measure((unsigned char * ) &temp_val.i,&checksum,TEMP);  //
测量温度
    if(error!=0)
    s_connectionreset();    //如果发生错误:连接重置
    else
    {
        humi_val.f =(float)humi_val.i;       //将整数转换为浮点数
        temp_val.f =(float)temp_val.i;       //将整数转换为浮点数
        calc_sht11(&humi_val.f,&temp_val.f);    //计算湿度与温度
        GotoXY(0,0);
        print("Tep:");
        GotoXY(0,1);
        print("Hum:");
        if(humi_val.f <0)humi_val.f =0;
        if(temp_val.f <0)temp_val.f =0;
        if(humi_val.f >100)humi_val.f =99;
        if(temp_val.f >100)temp_val.f =99;
        zhuanhuan(temp_val.f);//转换温度为 uchar,方便液晶显示
        GotoXY(5,0);
        str[2] =0xDF;//℃的符号
        str[3] =0x43;
        str[4] =' ';str[5] =' ';
        str[6] =tmp_l/10 +0x30;//'2';
        str[7] =tmp_l % 10 +0x30;;
        str[8] ='-';
        str[9] =tmp_h/10 +0x30;;
        str[10] =tmp_h % 10 +0x30;;str[11] ='\0';
        print(str);
        zhuanhuan(humi_val.f);//转换湿度为 uchar,方便液晶显示
        if(humi_val.f >64)P3 =0XF0;
        GotoXY(5,1);
        str[2] ='% ';//% 的符号
```

```
    str[3] ='R';
    str[4] ='';
    str[5] ='';
    str[6] =hum_l/10 +0x30;
    str[7] =hum_l % 10 +0x30;
    str[8] ='-';
    str[9] =hum_h/10 +0x30;
    str[10] =hum_h % 10 +0x30;
    str[11] ='\0';//字符串结束标志
    print(str);
    key();
    /*报警状况*/
    if((temp_val.f <tmp_h )&& (temp_val.f >tmp_l))
    flg1 =1;
    else
    flg1 =0;
    if((humi_val.f <hum_h) && (humi_val.f >hum_l))
    flg2 =1;
    else
    flg2 =0;
    if((flg1 ==1) && (flg2 ==1) ) beep =1;
    else
    {
     beep =0;
    }
    }
        //wait approx.0.8s to avoid heating up SHTxx
        delay_n10us(80000);                          //延时约0.8 s
    }
}
```

项目八

基于单片机的交通灯控制系统

一、功能要求

交通灯控制系统以 AT89C51 单片机为控制核心，由键盘输入、LED 倒计时、交通灯显示等模块组成，模拟一个交通灯控制过程。系统除具备基本的交通灯功能外，还具有通行时间手动设置、倒计时显示、急车强行通过、状态切换等相关功能。

系统中可以直接用键盘输入想要设置的时间，操作方便快捷。需要对常规状态进行改变时，系统设置了一个切换键，按下切换键，黄灯闪 5 s 后就自动切换到南北通行状态或东西通行状态。此外，系统还设置了东西南北方向全是红灯的急车强制通行状态，时间为 20 s，状态执行完毕后对原状态和原剩余时间进行返回执行。

二、硬件电路

基于单片机的交通灯控制系统主要包括 AT89C51 单片机、4 个 2 位数码管、十字路口 4 个方向的红绿黄 LED 灯、独立按键等，仿真电路如图 8 - 1 所示。

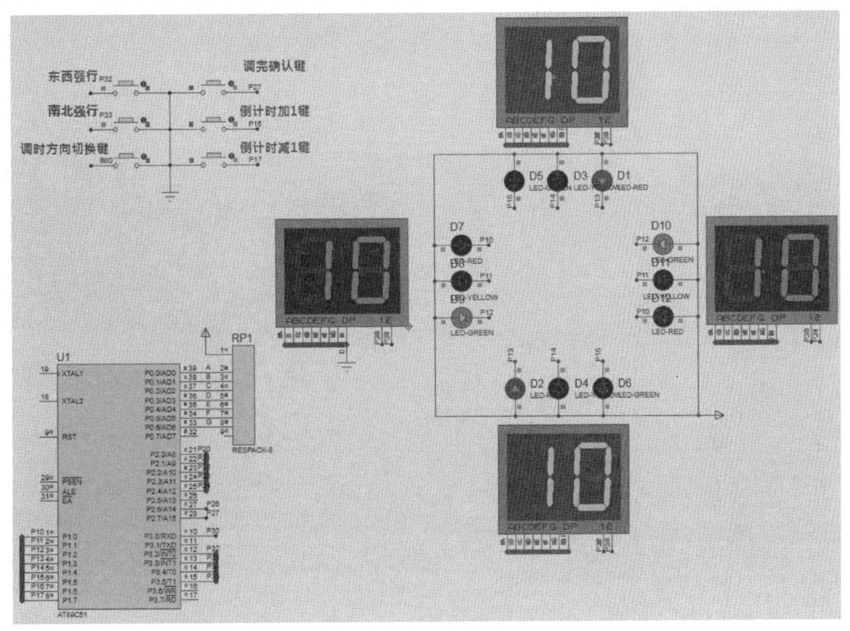

图 8 - 1　单片机实现交通灯控制仿真电路

三、软件程序参考

```
/*交通灯控制程序*/
#include <reg51.h>
#include <intrins.h>
#define uchar unsigned char
#define uint  unsignedint
sbit  k1 = P1^6;
sbit  k2 = P1^7;
sbit  k3 = P2^7;
sbit  k4 = P3^0;

sbityellowled_nb = P1^4;//南北黄灯
sbityellowled_dx = P1^1;//东西黄灯
uchar code table[11] = {0x3f,0x06,0x5b,0x4f,0x66,0x6d,0x7d,0x07,0x7f,
0x6f,0x00};
uchar data dig;//位选
uchar data led;//偏移量
uchar data buf[4];
uchar data sec_dx =39;//东西数码指示值
uchar data sec_nb =39;//南北数码指示值
uchar data set_timedx =39;
uchar data set_timenb =39;//倒计时设置的键值保存

uchar data b;//定时器中断次数
bit time;//灯状态循环标志
bit int0_time;//中断强行标志
bit  set;//调时方向切换键标志
void delay(intms);//延时子程序
void key();//按键扫描子程序
void key_to1();//键处理子程序
void key_to2();
void display();//显示子程序
void main()
{
    TMOD =0X01;
    TH0 =0X3C;
```

```
    TL0 =0XB0;
    EA =1;
    ET0 =1;
    TR0 =1;
    EX0 =1;
    EX1 =1;
    P1 =0Xf3;//东西通行
    while(1)
    {
      key(); //调用按键扫描程序
      display(); //调用显示程序
    }
}

void key()  //按键扫描子程序
{
   if(k1!=1)
   {
     delay(10);
     if(k1!=1)
     {
       while(k1!=1);
       key_to1();
     }
   }
   if(k2!=1)
   {
     delay(10);
     if(k2!=1)
     {
       while(k2!=1);
       key_to2();
     }
   }
   if(k4!=1)
```

```
        {
          delay(10);
          if(k4!=1)
           {
              while(k4!=1);
              set =! set;
           }
        }

        if(k3!=1&&int0_time ==1)
        {
          TR0 =1;   //启动定时器
          sec_nb =59;
          sec_dx =59;
          int0_time =0;//清除标志

        }
        else if(k3!=1&&int0_time ==0)
        {
          TR0 =1;
          set_timenb =sec_nb;
          set_timedx =sec_dx; //设置的键值返回保存
        }
}

void display()
{

         buf[1] =sec_dx/10; //第 1 位 东西秒十位
         buf[2] =sec_dx% 10; //第 2 位 东西秒个位
         buf[3] =sec_nb/10; //第 3 位 南北秒十位
         buf[0] =sec_nb% 10; //第 4 位 南北秒个位

         P0 =table[buf[led]];
         delay(2);  //先延时,提前显示一位
         P2 =dig;
         dig =_crol_(dig,1);
```

```
        led ++;
        if (led ==4)
        {
          led =0;
          dig =0xfe;
        }
}

void time0(void) interrupt 1 using 1   //定时中断子程序
{
    b ++;
    if(b ==10)   //定时器中断次数
    {
        b =0;
        sec_dx --;
        sec_nb --;
/****************** 南北黄灯闪烁判断 ************************** /
        if(sec_nb ==3&&time ==0)

        {
            yellowled_nb =1;//南北黄灯亮
            delay(300);
            yellowled_nb =0;
        }

        if(sec_nb ==2&&time ==0)
        {
            yellowled_nb =1;//南北黄灯亮
            delay(300);
            yellowled_nb =0;
        }

        if(sec_nb ==1&&time ==0)
        {
            yellowled_nb =1;
            delay(300);
            yellowled_nb =0;
        }
```

```
/******************东西黄灯闪烁判断************************/
  if(sec_dx==3&&time==1)
  {
     yellowled_dx=1;//南北黄灯亮
     delay(300);
     yellowled_dx=0;
  }

  if(sec_dx==2&&time==1)
  {
     yellowled_dx=1;//南北黄灯亮
     delay(300);
     yellowled_dx=0;
  }

  if(sec_dx==1&&time==1)
  {
     yellowled_dx=1;
     delay(300);
     yellowled_dx=0;
  }
  if(sec_dx==0||sec_nb==0) //东西或南北先到达1 s时即开始重新计时
  {
           sec_dx=set_timedx;
           sec_nb=set_timenb; //第一次循环结束重置

           if(time==1)
           {
                   P1=0XF3;  //东西通行
           }
           else
           {
                   P1=0xde; //南北通行
           }
           time=!time;   //取反

  }
```

```
    }
}

    void key_to1()
    {
        TR0 =0;    //关定时器

        if(set ==0)
        sec_nb ++; //南北加1 s
        else
        sec_dx ++;//东西加1 s

        if(sec_nb ==100)
            sec_nb =1;
        if(sec_dx ==100)
            sec_dx =1;//加到100后重置为1

    }
    void key_to2()
    {
        TR0 =0;//关定时器

        if(set ==0)
        sec_nb --;  //南北减1 s
        else
        sec_dx --;  //东西减1 s
        if(sec_nb ==0)
            sec_nb =99;
        if(sec_dx ==0 )
            sec_dx =99;//减到1后重置为99

    }

    void int 0(void) interrupt 0 using 1   //东西强制通行
    {
        TR0 =0;
        P1 =0XF3;
```

```
        sec_dx =88;
        sec_nb =88;
        int0_time =1;


    }

    void int1(void) interrupt 2 using 1   //南北强制通行
    {
      TR0 =0;
      P1 =0XDE;
      sec_nb =88;
      sec_dx =88;
      int0_time =1;
}
    void delay(intms)
    {
      uintj,k;
      for(j =0;j <ms;j ++)
      for(k =0;k <124;k ++);
}
```

项目九

电子密码锁

一、功能要求

电子密码锁以 AT89C51 单片机为核心，包含 0 ~ 9 十个按键，可以用来输入密码，按［Enter］键确认。当输入密码与预设密码一致时，锁开信号灯亮，模拟锁被打开；当密码不一致时要求重新输入密码；如果 3 次输入的密码都与预设密码不一致，电子密码锁则发出声、光报警。电子密码锁具有密码重置的功能，重置的密码存入串行 EEPROM 芯片 AT24C01 中，即使断电密码也不会丢失。

二、硬件电路

电子密码锁仿真电路如图 9 – 1 所示。

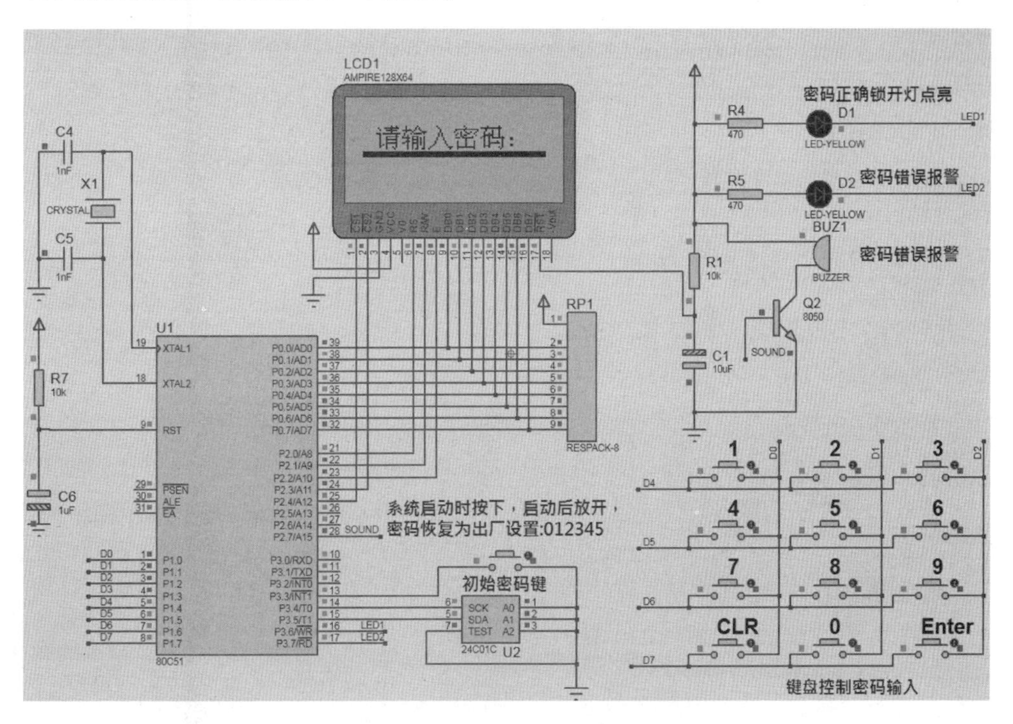

图 9 – 1　电子密码锁的仿真电路

单片机控制整个密码锁的全部功能；键盘采用4×4的矩阵键盘，用于密码输入和修改，初始密码设置为“012345”；显示器采用无字库128×64图形液晶模块，密码输入时不显示密码数字，以“*”代替，防止密码泄露，且即使没电，密码也不会丢失，重置密码储存在串行EEPROM芯片AT24C01中，若发生3次密码输入错误的情况，则通过蜂鸣器和发光二极管进行报警。

AT24C01是可擦除的串行1 024位存储或可编程的只读存储器（EEPROM），具有128字（8位/字），该芯片只需两根线控制：时钟线SCL和数据线SDA/Ion。AT24C01的封装为8脚PDIP、8脚JEDEC SOIC、8脚TSSOP，通过2线制串行接口进行数据传输。

三、软件程序参考

电子密码锁软件采用模块化编写，包括主程序模块main.c、键盘处理模块keyinput.h、液晶显示模块12864.h和串行EEPROM模块24C01.h等。

编写思路：程序首先初始化各个模块，并从I^2C器件中读取出密码，读取出密码后屏幕显示“请输入密码”，并等待密码输入。在输入密码后，①若密码输入正确，则显示“选择‘1’开锁、‘2’修改密码”，如果输入“1”，则会开锁并显示开锁画面；如果输入“2”，则显示“请输入密码”。在第一次输入密码过后，电子密码锁会保存第一次输入的密码，并显示“再次输入密码”；在第二次输入密码后，对两次输入的密码进行验证，如果两次输入的密码相同则显示“密码修改成功”，并将修改的密码值写入I^2C器件中，否则显示“密码修改错误”。②若密码输入错误，则显示“密码输入错误”，并记录错误次数，如果密码输入错误次数大于3次，则LED灯闪烁并且蜂鸣器报警。

```
    /******************************* 主函数 ********************
***********/
    void main()
    {
        uchar dat;
        uchar i=0,j=0,k;
        uchar x;
        LED1=1;
        LED2=1;
        SOUND=0;
        INIT=1;
        if(INIT==0)//密码初始化,先从I²C器件中读出密码以供再次输入密码时进行
比较
        {
            x=SendB(iic,0x50,6);
            Delay10ms();
        }
        x=ReadB(iic,0x50,6);
```

```
        Init_12864();
        for(i =0;i <50;i ++){Delay10ms();}
        do{                    //若密码不正确,循环执行 do{}while()
           LED1 =1;
           System();       //显示:请输入密码
           press(key);    //密码验证函数
           if((key[0] ==iic[0])&&(key[1] ==iic[1])&&(key[2] ==iic
           [2])&&(key[3] ==iic[3])&&(key[4] ==iic[4])&&(key[5] ==
           iic[5]))
//密码比较,若密码正确则进入系统,若密码不正确则显示密码错误,重新输入密码
           {
             true();        //显示选择"1",开锁,选择"2",修改密码函数
             do {
                    P1 =0xf0;          //键入1 或 2 继续执行下面语句,否则等待
                    while(P1 ==0xf0);
                    dat =key_scan();
                }
             while(dat!=0x01&&dat!=0x02);
             if(dat ==1 )//开锁
             {   LED1 =0; j =0;
                unlock();          //显示开锁画面函数
                for(i =0;i <100;i ++){Delay10ms();}
                continue;
             }
             if(dat ==2)               //修改密码
             {
             do{
                j =0;
                System();          //显示请输入密码函数
                press(key);        //验证密码函数
                again();           //显示请再次输入密码函数
                press(iic);
                if((key[0] ==iic[0])&&(key[1] ==iic[1])&&(key[2] ==
                iic[2])&&(key[3] ==iic[3])&&(key[4] ==iic[4])&&
                (key[5] ==iic[5]))
                {
                  succeed();     //修改密码成功
                  for(i =0;i <100;i ++){Delay10ms();}
                  Delay10ms();
```

```
            x = SendB(iic,0x50,6);
            Delay10ms();
            x = ReadB(iic,0x50,6);break;
        }
        else     //修改密码不成功,重新修改
        {
          repeat();    //显示密码确认错误函数
          for(i = 0;i < 100;i ++){Delay10ms();}
              }
          }
          while(1);
          }
        }
        else {          //密码不正确,重新输入密码
        j ++;
        error();//显示密码错误函数
        if(j ==3)
        {
           for(i =0;i <8;i ++)  //三次密码不正确,报警
        {
           LED2 =0; SOUND =1;
           for(k =0;k <5;k ++){Delay10ms();}
           LED2 =1;
           for(k =0;k <5;k ++){Delay10ms();}
           }
           j =0;
           SOUND =0;
        }
           for(i =0;i <50;i ++){Delay10ms();}
        }
  }
  while(1);
}
```

项目十

基于单片机的脉搏测量仪

一、功能要求

本测量仪根据透射式红外脉搏传感器所发出的红外光强度会随着手指毛细血管的脉动而发生改变的原理来检测脉搏信号，并经过电路放大、滤波、整形后输出到 STC89C52 单片机中进行处理。单片机电路由信号灯电路、晶振电路、复位电路组成。同时整个设计还包含 LCD1602 电路、报警电路及按键电路。测量数据在经过软件的处理后输入到 LCD1602 上显示，从而显示脉搏数，若达到报警范围则蜂鸣器长鸣报警。

该脉搏测量仪能十分简单快速地测量出人体在任何情况下的脉搏数，成本低、体积小、使用方便。

二、硬件电路

基于单片机的脉搏测量仪的仿真电路如图 10－1 所示，其包括透射式红外传感器、单片机系统、LCD1602 显示、报警电路、复位电路、电源等部分。

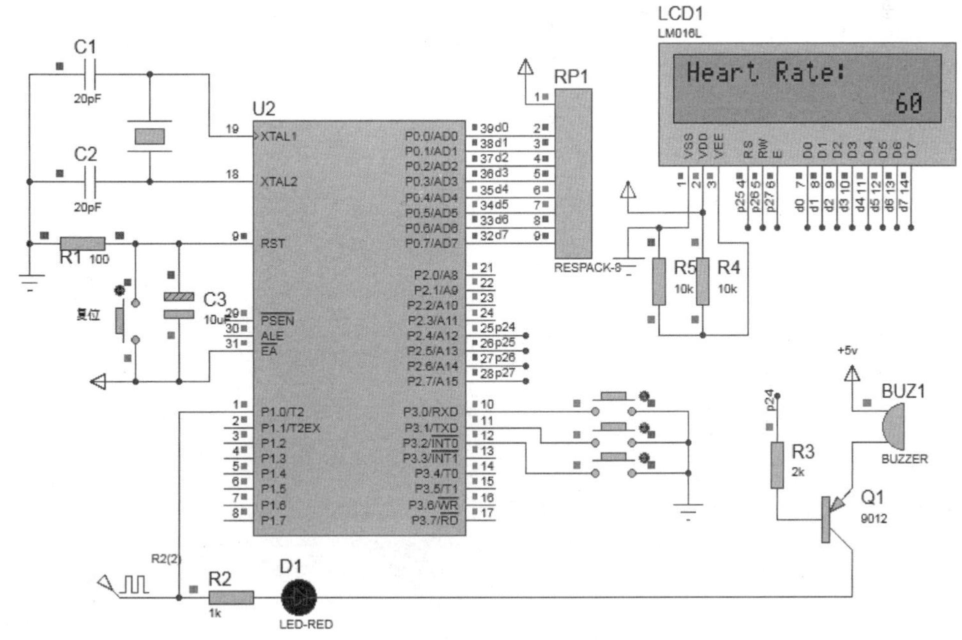

图 10－1　基于单片机的脉搏测量仪的仿真电路

（1）透射式红外传感器是把红外光转换成电信号的转换器件，它是由红外发射二极管和接收晶体管所组成，它可以将接收到的红外光按一定的函数关系（通常是线性关系）转换成便于测量的物理量（如电压、电流或频率等）输出，在仿真中采用 Clock 模拟，频率设定为与人体心率一致。

（2）单片机系统利用单片机自身的定时中断计数功能对输入的脉搏信号进行计算处理得出心率。

（3）LCD1602 把单片机计算得出的结果进行显示，进而快速准确地读出数据。

（4）报警电路的作用是：当测出来的脉搏数低于报警下限或者高于报警上限时，蜂鸣器就会长鸣报警。

三、软件程序参考

用 STC89C52 单片机定时器/计数器对脉搏信号进行计数，当系统通电后，对系统进行初始化，完成对单片机内专用寄存器、LCD1602、定时器工作方式及各端口的工作状态的设定。系统在初始化之后，进行定时器中断、显示等工作。初始化后系统自带一个报警上下限，可以自行进行报警上下限的设置，设置好系统报警上下限后能够进行正常的脉搏显示。同时定时器开始对脉搏信号进行计数，由单片机进行处理后输入到 LCD1602 上显示，如果超过设置好的报警上下限，蜂鸣器就会长鸣报警。

```
void main()                                    //主函数
{
    InitLcd();
    Tim_Init();
    lcd_1602_word(0x80,16,"Heart Rate:   ");//初始化显示
    TR0 =1;
    TR1 =1;                                    //打开定时器
    while(1)                                   //进入循环
    {
      if(Key_Change)                           //有按键按下并已经得出键值
      {
        Key_Change =0;           //将按键使能变量清零,等待下次按键按下
        View_Change =1;
        switch(Key_Value)                    //判断键值
        {
          case 1:                              //设置键按下
          {
            View_Con ++;                       //设置的位加
            if(View_Con ==3)                   //都设置好后将此变量清零
```

```
      View_Con =0;
     break;  //跳出循环
    }
    case 2://加键按下
    {
     if(View_Con ==2)//判断是否设置上限
     {
      if(Xintiao_H <300)  //若上限值小于300
       Xintiao_H ++;//上限值加1
     }
     if(View_Con ==1)//如果是设置下限
     {
      if(Xintiao_L <Xintiao_H -1)
      //若下限值小于上限值加1(下限值不能超过上限)
      Xintiao_L ++;              //则下限值加1
     }
     break;
    }
    case 3:                      //减键按下
    {
     if(View_Con ==2)            //设置上限
     {
      if(Xintiao_H >Xintiao_L +1)
                                 //若上限值大于下限值加1
       Xintiao_H --;                //上限值减1
     }
     if(View_Con ==1)            //设置下限
     {
      if(Xintiao_L >30)          //下限值大于30 时
        Xintiao_L --;                    //下限值减1
     }
     break;
    }
  }
 }
if(View_Change)                              //开始显示变量
```

```
{
  View_Change =0;//变量清零
  if(stop ==0)      //心率正常时
  {
    if(View_Data[0] ==0x30)//最高位为 0 时不显示
      View_Data[0] ='';
  }
  else //心率不正常不显示数据
  {
    View_Data[0] ='';
    View_Data[1] ='';
    View_Data[2] ='';
  }
  switch(View_Con)
  {
    case 0:                                                    //正常显示
    {
         lcd_1602_word(0x80,16,"Heart Rate:  ");//显示一行数据
         lcd_1602_word(0xc0,16,"             ");//显示第二行数据
         lcd_1602_word(0xcd,3,View_Data);        //第二行显示心率
         break;
    }
    case 1:                                                //设置下限值时显示
    {
      lcd_1602_word(0x80,16,"Heart Rate:   ");// 第一行显示心率

      lcd_1602_word(0x8d,3,View_Data);

      View_L[0] =Xintiao_L/100 +0x30;          //将下限值拆字
      View_L[1] =Xintiao_L% 100/10 +0x30;
      View_L[2] =Xintiao_L% 10 +0x30;
      if(View_L[0] ==0x30)     //最高位为 0 时,不显示

        View_L[0] ='';
        lcd_1602_word(0xC0,16,"Warning L :     ");
                                                     //第二行显示下限值
        lcd_1602_word(0xCd,3,View_L);
        break;
```

```
            }
            case 2:                               //设置上限值时显示(同上)
            {
              lcd_1602_word(0x80,16,"Heart Rate:   ");// LCD显示函数
              lcd_1602_word(0x8d,3,View_Data);
              View_H[0] =Xintiao_H/100 +0x30;
              View_H[1] =Xintiao_H% 100/10 +0x30;
              View_H[2] =Xintiao_H% 10 +0x30;
              if(View_H[0] ==0x30)
              View_H[0] ='';

              lcd_1602_word(0xC0,16,"Warning H :    ");
              lcd_1602_word(0xCd,3,View_H);
              break;
              }
        }
      }
    }
}

//定时器1:在中断中读取按键的键值,以及记录心跳
void Time1() interrupt 3                          //定时器1服务函数
{
    staticucharKey_Con,Xintiao_Con;
    TH1 =0xd8;                                    //10 ms
    TL1 =0xf0;                                    //重新赋初值
    switch(Key_Con)                               //无按键按下时此值为0
      {
         case 0:                                  //每10 ms扫描此处
         {
            if((P3&0x07)!=0x07)                   //扫描按键是否有按下
            {
                Key_Con ++;                       //有按下此值加1,值为1
            }
              break;
         }
```

```
        case 1:
        {
            if((P3&0x07)!=0x07)                        //按键延时去抖
            {
                Key_Con++;                //变量加1,值为2
                switch(P3&0x07)          //判断是哪个按键按下
                {
                    case 0x06:Key_Value=1;break;
                    case 0x05:Key_Value=2;break;
                    case 0x03:Key_Value=3;break;

                }

            }
          else
            {
              Key_Con=0;      //变量清零,重新检测按键
            }
          break;
        }
        case 2:               //20 ms 后检测按键
        {
          if((P3&0x07)==0x07)        //检测按键是否还是按下状态
          {
              Key_Change=1;   //有按键按下使能变量
              Key_Con=0;   //变量清零,等待下次有按键按下
          }
          break;
        }

    }
    switch (Xintiao_Con)                         //此处与上面按键的检测类似
    {
      case 0:                                    //默认 Xintiao_Con 为 0
      {
        if(! Xintiao)               //每10 ms 检测一次脉搏是否有信号
        {
              Xintiao_Con++;
        }
```

```
    break;
}
case 1:
{
 if(! Xintiao)            //每过10 ms检测一下信号是否还存在
 {
  Xintiao_Con ++;           //若存在信号则加1
 }
  else
 {
  Xintiao_Con =0;
 }
 break;
}
case 2:
{
   if(! Xintiao)
   {
     Xintiao_Con ++;
   }
   else
   {
     Xintiao_Con =0;
   }
    break;
 }
 case 3:
 {
   if(! Xintiao)
   {
     Xintiao_Con ++;
   }
    else
   {
     Xintiao_Con =0;
   }
    break;
  }
```

```
        case 4:
        {
         if(Xintiao)       //若超过30 ms一直有信号,则判定此次是脉搏信号,
                             执行以下程序
         {
          if(Xintiao_Change==1)
          {
           View_Data[0]=(60000/Xintiao_Jishu)/100+0x30;
           View_Data[1]=(60000/Xintiao_Jishu)%100/10+0x30;
           View_Data[2]=(60000/Xintiao_Jishu)%10+0x30;

                    if(((60000/Xintiao_Jishu)>=Xintiao_H)||
((60000/Xintiao_Jishu)<=Xintiao_L))  speaker=0;     //蜂鸣器响
                 else
                    speaker=1; //不响
                 // if (((60000/Xintiao_Jishu<=Xintiao_H)&&
                   ((60000/Xintiao_Jishu)>=Xintiao_L)))

                View_Change=1;      //计算出心率后启动显示
                Xintiao_Jishu=0;    //心跳计数清零
                Xintiao_Change=0;   //计算出心率后该变量清零,准备下次
                                     //检测心率
               stop=0;            //计算出心率后stop清零
          }
          else//第一次脉冲时Xintiao_Change为0
          {
                Xintiao_Jishu=0;     //脉冲计时变量清零,开始计时
                Xintiao_Change=1;  //Xintiao_Change置1,准备第二次检
                                  //测到脉冲时计算心率
          }
              Xintiao_Con=0;       //清零,准备检测下一次脉冲
         }
              break;
        }
    }
  }
```

项目十一

出租车计价器

一、功能要求

出租车计价器以 AT89C51 单片机为核心，整个系统由按键复位电路、掉电存储电路、键盘调节电路、液晶显示电路等组成。时钟电路采用 11.059 2 MHz 的晶振作为整个系统的时钟源，保证系统的稳定工作。

系统刚开始上电时，LCD1602 液晶显示器显示当前时间；按下开始键后，计价器开始在默认状态下计价，按下暂停键可以暂停计价；在运行阶段，按下 pause 键，让汽车进入停车等待模式，按下停止键可以停止计价并返回时间显示；在运行或等待模式下，按下 stop 键，表示此次运行结束，此时会显示总里程、等待时间以及价格，3 s 后返回到时钟显示状态。

价格计算方式为：白天（7:00～19:00）起步价 5 元（3 km 内），里程价格为 1.2 元/km，等待时间计费为每 3 min 算一次（不超过 3 min 不计费），1.5 元/3 min；晚上起步价 6 元（3 km 内），里程价格为 1.5 元/km，等待时间计费为每 3 min 算一次（不超过 3 min 不计费），3 元/3 min。

二、硬件电路

出租车计价器的设计仿真电路如图 11－1 所示，其由 STC89C52 单片机、LCD1602、时钟模块 DS1302、存储模块 24C02、独立按键、霍尔等效元件（模拟汽车轮子的转动）、时钟电路和复位电路等组成。

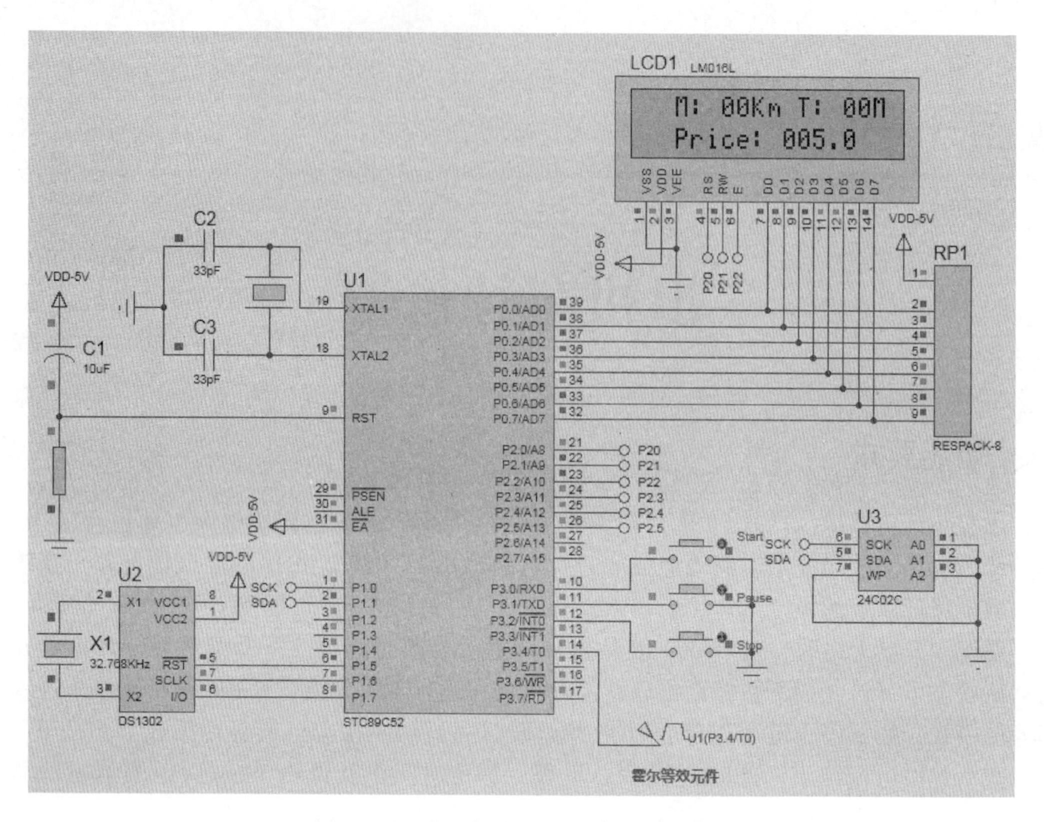

图 11 - 1 出租车计价器的设计仿真电路

三、软件程序参考

```
#include <reg51.h>
#include <intrins.h>
#include "ds1302.h"
#include "24c02.h"
#include "main.h"
#include "key.h"
sbit Switch = P1^3;
uchar global_state = 0;
#define DISPLAY_SPEED 0   /*显示速度*/
#define DISPLAY_MILE 1   /*显示里程*/
uchar TL0_temp;       /*暂存 TL0 的初值*/
uchar TH0_temp;       /*暂存 TH0 的初值*/
#define INT_CLOCK 5 /*INT_CLOCK 为定时值,单位为 ms ,此处定义为 5 ms*/
#define CRY_FREQUENCY 12000000 /*CRY_FREQUENCY 为晶振频率,单位为 Hz*/
```

```
uchar T0count;
uchar timecount;
bit flag   = 0; /* 采集脉冲数的标志,从 1 开始计算脉冲数 * /
float speed = 0; /* 即时速度,以 m/s 为单位,精度为 0.1 m/s * /
uint mile = 0; /* 里程数,以 km 为单位,精度为 1 km * /
uint x;
float d1  = 1;  /* 出租车直径 * /
float price = 0.0; /* 总价格——浮点格式 * /
uintiprice = 0; /* 总价格——整数格式 * /
float wprice = 0.0; /* 等待时间所产生的费用 * /
float rprice = 0.0;  /* 里程所产生的费用 * /
//bit bCountTime = 0;  /* 计时标志,1 表示需要计时,0 表示不需要计时,只有在
等待状态才需要计时 * /
bit bCountMoney = 1; /* 计价标志,只有在里程每次增加到 1 km 时,才开始累计价
格 * /
uchar waitTime = 0;  /* 累计等待时间,以 min 为单位 * /
uchar Countdown = 60;  /* 倒计时 3 s 变量,当按了停止键后,3 s 后自动返回到
空闲状态 * /
bit bCountdown = 0; /* 开始倒计时标志 * /
void main()
{
    float temp_mile = 0;  /*1.5,  临时计算里程数变量,以 m 为单位 * /
    global_state = Read_One_Byte(State_Addr);  /* 从 EEPROM 中读出
掉电前的状态值 * /
    mile = Read_One_Byte(Mile_Addr);  /* 从 EEPROM 中读出掉电前的里程
值 * /
    waitTime = Read_One_Byte(Time_Addr);  /* 从 EEPROM 中读出掉电前
的等待时间值 * /
    iprice = (Read_One_Byte(Price_Addr) << 8) | (Read_One_Byte
(Price_Addr) & 0xff);  /* 从 EEPROM 中读出掉电前的价格值 * /
    if(global_state > 2)  /* 如果读出的状态值超出了标准范围 * /
        global_state = 0;  /* 则认为是空闲 * /
    lcd_init();//液晶初始化函数
    Time_Init();//定时器初始化函数
    if(global_state == 0) /* 汽车空闲状态 * /
    {
     EA = 0;
    }
```

```
    else   /* 汽车等待状态或运行状态,在等待或运行状态下开启定时器 */
    {
      EA = 1;
    }
    while(1)
    {
        KeyScan();/* 按键函数,按下不同键实现共空闲状态到行驶状态、等待状
                     态到行驶状态的转换 */
        getTime();// 从 DS1302 获取时间
        /* 每隔 1 s 计算脉冲数 */
        if(flag ==1)
        {
                x =(T0count *65536 +TH0 *256 +TL0);
                timecount =0;
                T0count =0;     /* T0count 清零,准备下一秒的计数 */
                TH0 =0;
                TL0 =0;
                TR0 =1;
      /* 每隔一秒存储一次全部信息 */
                Write_One_Byte(State_Addr,global_state); /* 保存状态 */
                Write_One_Byte(Mile_Addr,mile); /* 保存里程 */
                Write_One_Byte(Time_Addr,waitTime); /* 保存等待时间 */
                Write_One_Byte(Price_Addr,iprice > >8); /* 保存价格
                高 8 位 */
                Write_One_Byte(Price_Addr +1,iprice&0xff); /* 保存价
                格低 8 位 */

                }
                speed = 3.14 * d1 * x;    /*"3.14 * 直径"就是轮子的周长,
然后乘以 1 s 内的脉冲数,就是 1 s 内所走过的路程 */
    /* 计算里程 */
                if(global_state == 1) /* 只有在行驶状态才需要计算里程 */
                {
        if(flag == 1)
        {
            flag = 0;
            temp_mile + = speed;
            /* 里程累计超过 1.0 km */
            if(temp_mile >= 1000.0)
```

```
            {
                mile + = 1;
                temp_mile = 0.0;
                bCountMoney = 1 ; /* 开始统计费用 * /
            }
        }
    }
    switch(global_state)
    {
      case 0:   /* 空闲状态 * /

            DisplayTime();//显示时间
            price = 0.0;
      break;
      case 1:  /* 运行状态 * /
      case 2:    /* 等待 * /
            /* 计算价格 * /
            if((((Time[0] - 0x30) * 10 + (Time[1] - 0x30)) >=7) &&
(((Time[0] -0x30) *10 + (Time[1] -0x30)) <19))  /* 白天 * /
            {
                if(mile <= 3)/* 起步价 * /
                    price = 5.0;
                else
                {
                    if(bCountMoney)
                    {
                        bCountMoney = 0;
                        rprice = (mile -3) *1.2;

                    }
                    price = 5.0 + rprice + wprice; /* 起步价加里程价再
                                                    加等待费用 * /
                }
                wprice = (waitTime/3) *1.5;  /* 等待费用为每 3 min 1.5
                                                元 * /
            }
            else   /* 晚上 * /
```

```
        {
            if(mile <= 3)/* 起步价 */
                price = 6.0;
            else
            {
                if(bCountMoney)
                {
                    bCountMoney = 0;
                    rprice = (mile -3) *1.5;

                }
            price =6.0 +rprice +wprice;     /* 起步价加里程价再加等
                                                待费用 */
            }
            wprice = (waitTime/3) *3.0;   /* 等待费用为每3 min 3 元 */
        }
        iprice = price *10;  /* 价格乘以10,转换成整数便于显示处理 */

        DisplayMilePrice();/* 显示里程和价格 */
    break;

    case 3:    /* 停止 */

        DisplayMilePrice();/* 显示里程和价格 */
        while(Countdown != 0);
        clear();
        global_state = 0;
        bCountdown = 0;
        Write_One_Byte(State_Addr,0); /* 保存状态,清零 */
        Write_One_Byte(Mile_Addr,0); /* 保存里程,清零 */
        Write_One_Byte(Time_Addr,0); /* 保存等待时间,清零 */
        Write_One_Byte(Price_Addr,0); /* 保存价格高8 位,清零 */
        Write_One_Byte(Price_Addr +1,0); /* 保存价格低8 位,清零 */
    break;
  }
 }
}
```

下篇　仿真软件应用

仿真软件应用篇简单介绍了专业综合实训所必需的电路图绘图软件 Altium Designer、MCS－51 系列单片机 Keil μVision 软件、单片机仿真软件 Proteus。学生掌握这3个软件的使用有利于更好地完成专业综合实训。

项目十二

Altium Designer 软件及其使用

一、Altium Designer 软件介绍

Altium Designer 是一款功能强大的电路原理图和印刷电路板设计软件，简称 AD。它是原 Protel 软件开发商 Altium 公司推出的一体化的电子产品开发系统，通过把原理图设计、电路仿真、PCB 绘制编辑、拓扑逻辑自动布线、信号完整性分析和设计输出等技术完美融合，为设计者提供全新的设计解决方案，使设计者可以轻松进行设计。

Altium Designer 软件除了全面继承包括 Protel 99SE、Protel DXP 在内的先前一系列版本的功能和优点外，还拓宽了板级设计的传统界面，全面集成了 FPGA（现场可编程逻辑门阵列）和 SOPC（可编程片上系统）设计来实现功能，从而允许工程设计人员将系统设计中的 FPGA 设计、PCB 设计及嵌入式设计集成在一起。

1. Altium Designer 软件的主要功能

（1）电路原理图设计：SCH、SCHLIB、各种文本编辑器。

（2）印刷电路板设计：PCB、PCBLIB、电路板组件管理器。

（3）FPGA 及逻辑器设计。

（4）嵌入式开发。

（5）3D PCB 设计。

2. Altium Designer 软件的设计流程

一般而言，一个印刷电路板的设计需要经过以下主要步骤：

（1）建立 PCB 项目文件（. PrjPcb 文件）；

（2）建立原理图文件，绘制电路原理图（. SchDoc 文件）；

（3）编译原理图；

（4）生成网络表（. NET 文件）；

（5）建立 PCB 文件（. PcbDoc 文件）；

（6）导入元件，元件布局，电路板尺寸规划；

（7）定义布线规则，自动布线，手工调整布线，布线规则检查；

（8）电路板的 3D（三维）显示；

（9）PCB 板后续加工处理（补泪滴、敷铜、放置字符串等）。

二、Altium Designer 软件的功能

Altium Designer 软件的功能可分为电路原理图设计和 PCB（印刷电路板）设计。

1. 电路原理图设计

(1) 电路原理图设计的主要步骤

下面以 Altium Designer 09 软件为例进行讲解，其他版本的操作与此类似。

①在 D 盘下新建“练习 1”文件夹后，打开 Altium Designer 软件，按照如图 12 – 1 所示新建一个 PCB 项目文件。

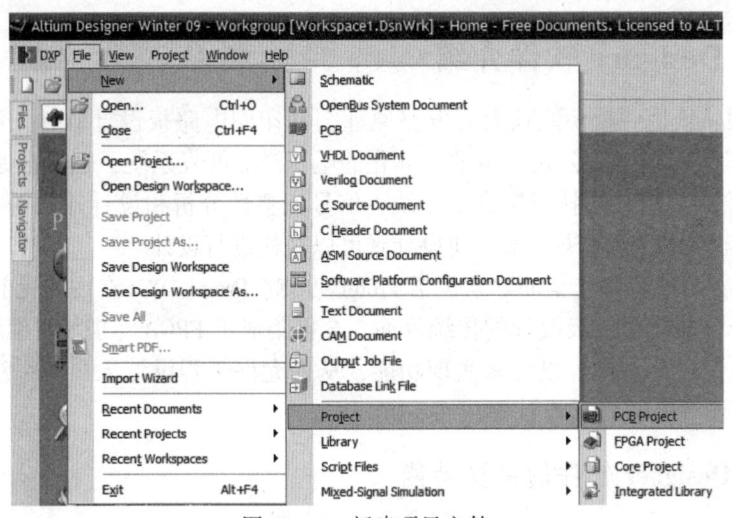

图 12 – 1　新建项目文件

②右键单击左侧栏的项目文件保存（Sava Project），如图 12 – 2 所示。将项目文件名修改为“练习 1”（默认后缀名为 . PrjPcb）。

③右键单击“练习 1. PrjPcb”，为工程添加原理图文件，如图12 – 3所示。

④右键单击原理图文件，在弹出的选项中单击“Save”保存，文件名为“练习 1”（默认后缀名为 . SchDoc），操作步骤如图 12 – 4 所示。

⑤在菜单栏中执行“Design”→“Add/Remove Library”，即添加元件库，如图 12 – 5 所示，就会弹出“Available Libraries”对话框，选择“Installed”选项卡，安装需要的集成元件库，包括原理图库和元件封装库（Miscellaneous Devices. IntLib：包含常用的电阻、电容、二极管、晶体管等；Miscellaneous Connectors. IntLib：包含常用的接插器件等；厂家名称 . IntLib：包含各自厂家生产的元器件符号和封装，可以在安装目录下的“库”文件夹中找到），集成元件库的安装如图 12 – 6 所示。

图 12 – 2　保存项目文件

⑥在元件库中查找到所需元件，放置到原理图中的合适位置，再进行元件间的电气连接，完成绘制的原理图如图 12 – 7 所示。

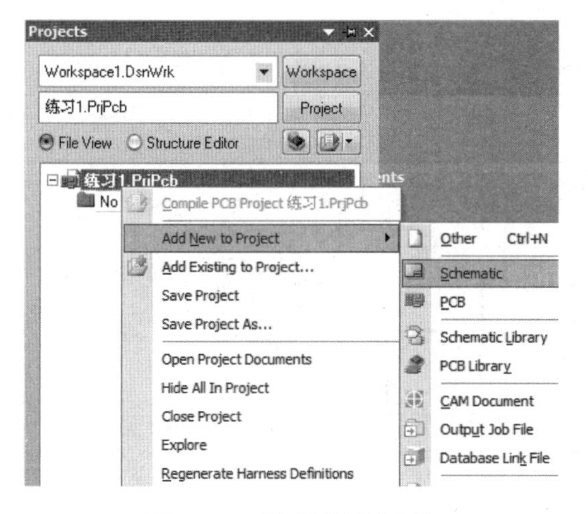

图 12－3　新建原理图文件

图 12－4　保存原理图文件

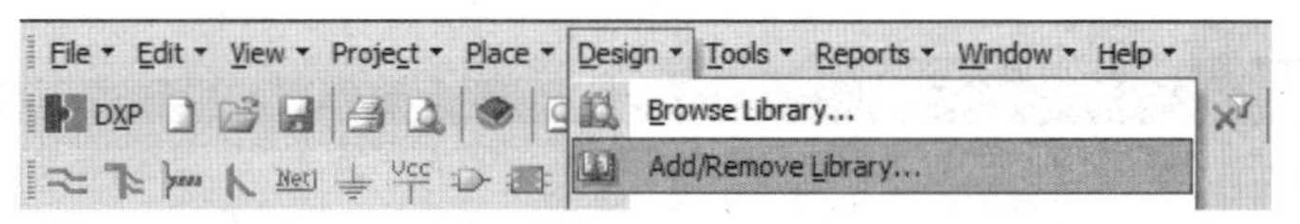

图 12－5　添加元件库

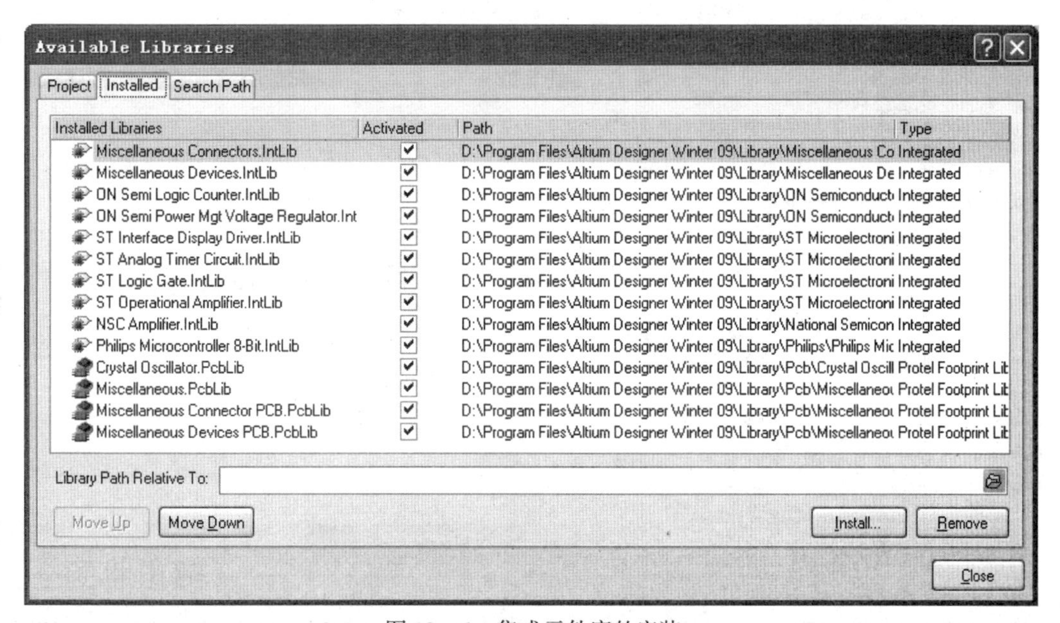

图 12－6　集成元件库的安装

⑦双击元件，在弹出的对话框中编辑修改其属性，如标识、注释、封装等，如图 12－8 所示。

⑧在菜单栏中执行“Project”→“Compile Document 练习 1. SchDoc”进行编译（规则检查），如图 12－9 所示。若没错误，则 Messages 为空白；若有错误，则要进行相应修改，警告有时可以忽略。

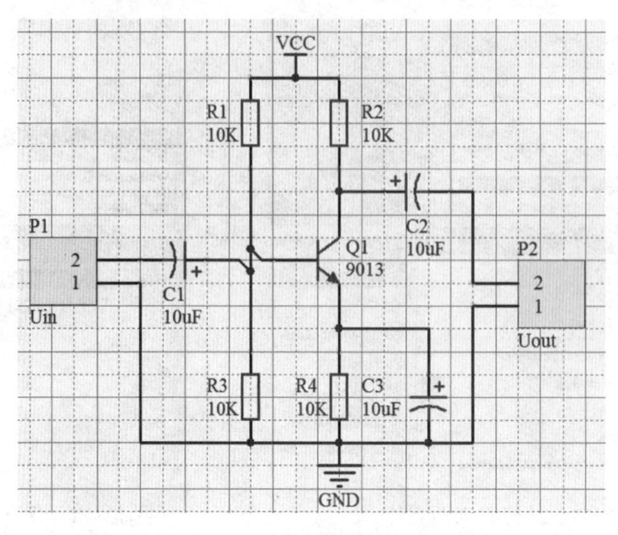

图 12－7　完成绘制的原理图

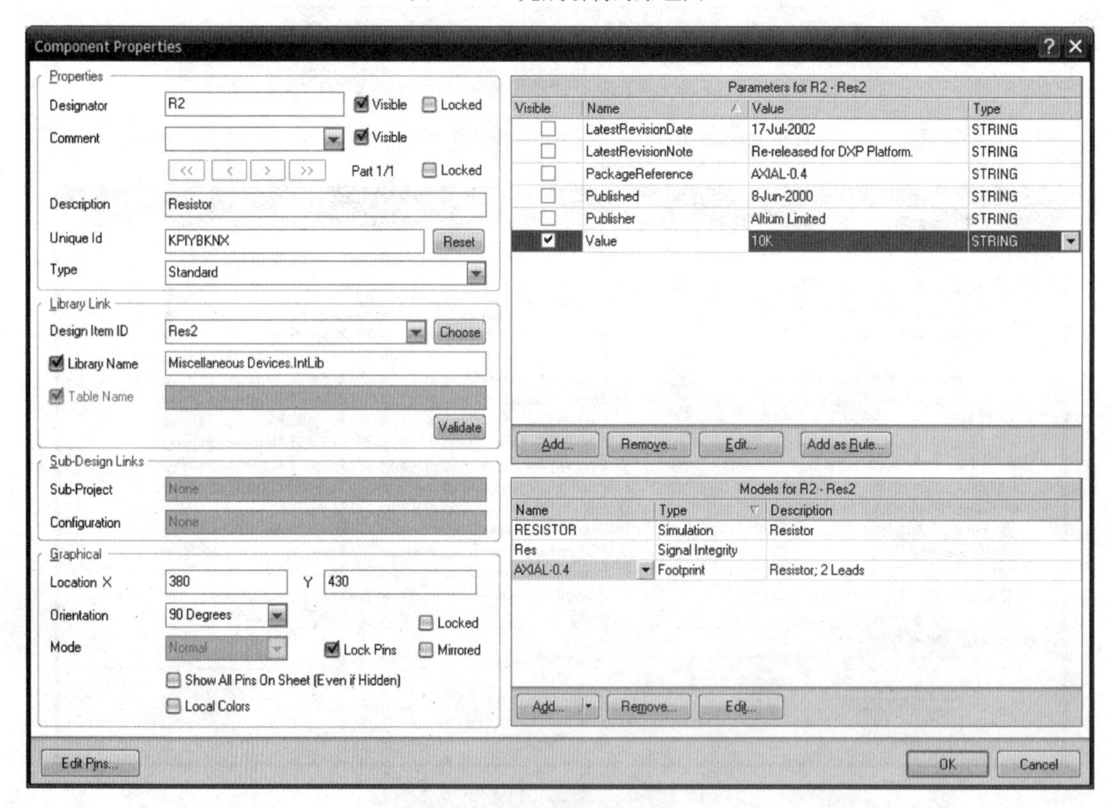

图 12－8　编辑元件属性

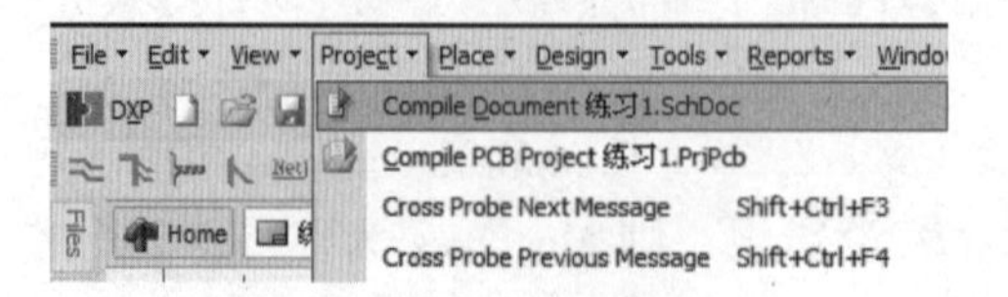

图 12－9　编译（规则检查）

⑨在菜单栏中执行“Tools”→“Footprint Manager”查看封装管理器，如图 12 – 10 所示。检查时器件的标识、封装栏不能有空白，如图 12 – 11 所示。

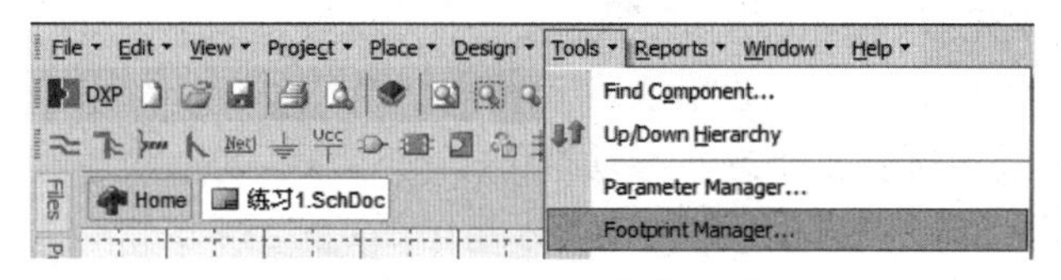

图 12 – 10　查看封装管理器

10 Components (0 Selected)

Selected	Designa...	Comment	Current Foo...	Design Item ID	Part ...	Sheet Name
	C1		A	Cap Pol1	1	练习1.SchDoc
	C2		A	Cap Pol1	1	练习1.SchDoc
	C3		A	Cap Pol1	1	练习1.SchDoc
	P1	Uin	HDR1X2	Header 2	1	练习1.SchDoc
	P2	Uout	HDR1X2	Header 2	1	练习1.SchDoc
	Q1	9013	TO-226	NPN	1	练习1.SchDoc
	R1		AXIAL-0.4	Res2	1	练习1.SchDoc
	R2		AXIAL-0.4	Res2	1	练习1.SchDoc

图 12 – 11　封装管理器

⑩在菜单栏中执行“Design”→“Netlist For Document”→“Protel”，生成网络表文件“练习 1. NET”，如图 12 – 12 所示。

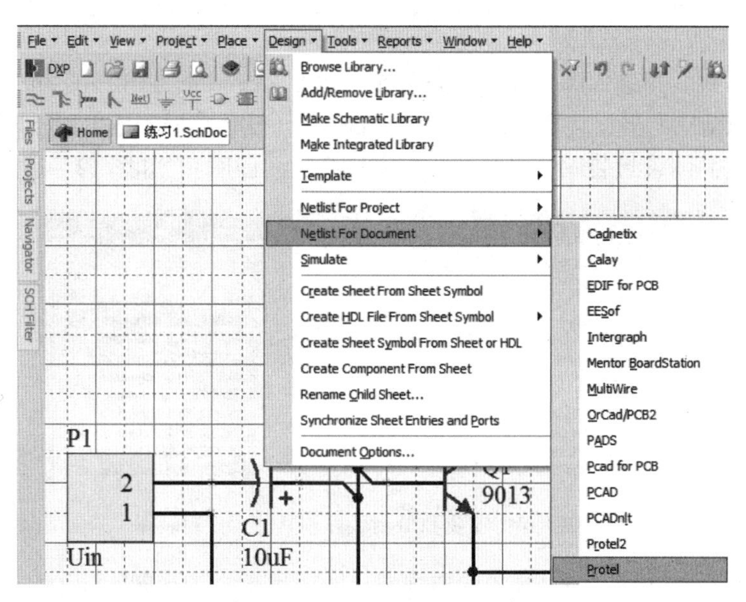

图 12 – 12　生成网络表文件

至此，利用 Altium Designer 的电路原理图已完成。

（2）电路原理图设计中常用的快捷操作

①［Ctrl］+［C］组合键：复制；［Ctrl］+［X］组合键：剪切；［Ctrl］+［V］组合键：粘贴；［Ctrl］+［R］组合键：复制多个。

②［S］+［A］组合键（［X］+［A］组合键）：选中（释放）所有的元件。

③鼠标左键选中元件 +［X］或［Y］键：元件水平（垂直）方向切换。

④鼠标左键选中元件＋［TAB］键：打开元件属性编辑器。

⑤鼠标左键选中某元件＋空格键：元器件旋转。

⑥［Ctrl］键＋滚轮：放大（缩小）视图。

⑦［Shift］键＋滚轮：上下（左右）移动视图。

⑧鼠标右键＋移动鼠标：上下左右移动视图。

(注意：快捷键要在输入法是英文状态下才起作用)。

2. PCB（印刷电路板）设计

（1）PCB 设计的主要步骤

①按照如图 12－13 所示新建 PCB 文件并保存，将文件名称修改成“练习 1”（默认后缀名为 . PcbDoc）。

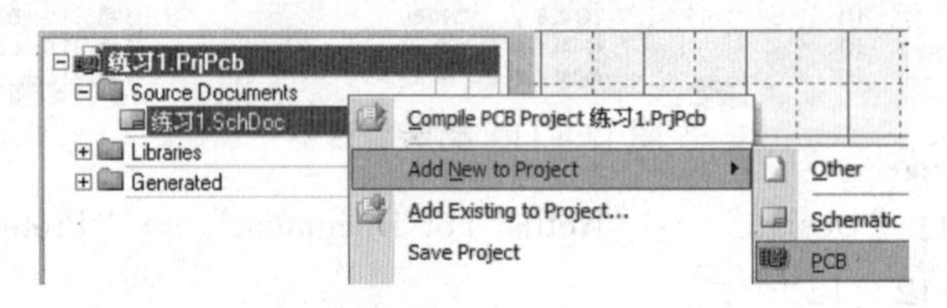

图 12－13　新建 PCB 文件

②安装标准 PCB 封装库和其他元件封装库（PCB Footprints. PCBLIB：包含大多数常用元件的封装库，如贴片电阻、直插电阻、电容、晶体管、DIP 直插集成电路、电位器等；Transistors. PCBLIB：晶体管封装库；以及各个厂家自己的元件库），如图 12－14 所示。

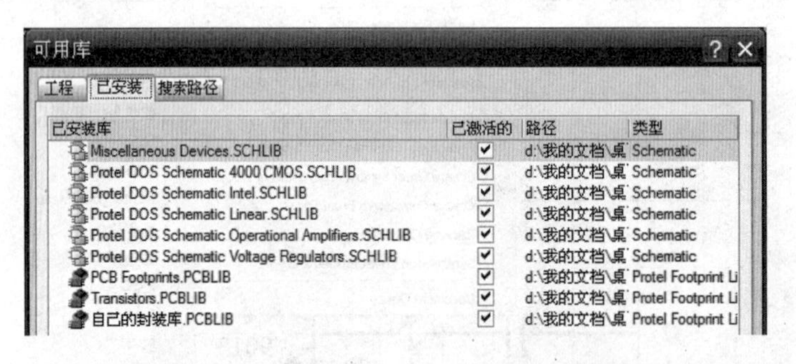

图 12－14　安装 PCB 封装库和其他元件封装库

③导入元件，如果出错则必须返回原理图修改，操作步骤如图 12－15 所示。

依次单击“Validate Changes”和“Execute Changes”按钮，若没有错误，则元件被导入。

元件被导入后，元件之间由飞线连接。飞线代表元件的连接关系，并不存在于 PCB 中。删除暗红色空区间 ROOM，导入元件后的效果如图 12－16 所示。

④元件布局。用鼠标拖动元件到合适的位置，使元件布局在合理的位置，如图 12－17 所示。

⑤电路板尺寸规划。在软件中切换到 Keep－Outlayer 层，按照选择对象来定义板子大小。用画线的命令画一个比排列的元件稍微大一些的矩形，如图 12－18 所示。

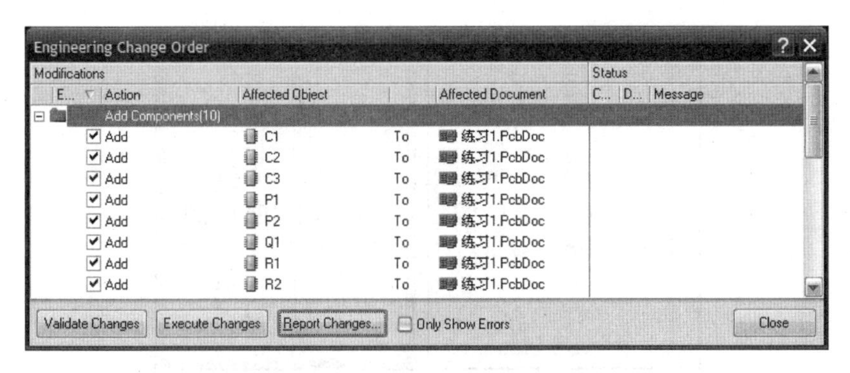

图 12－15　导入元件

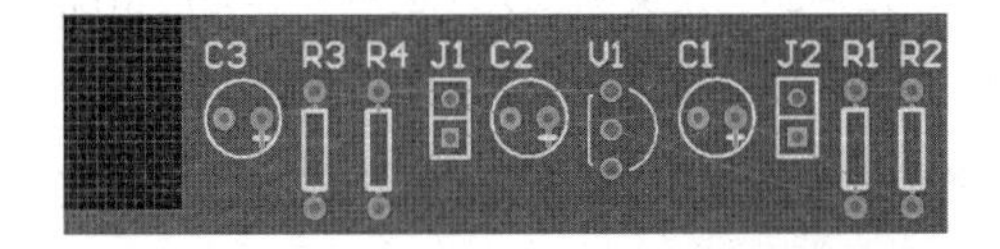

图 12－16　导入元件后的效果

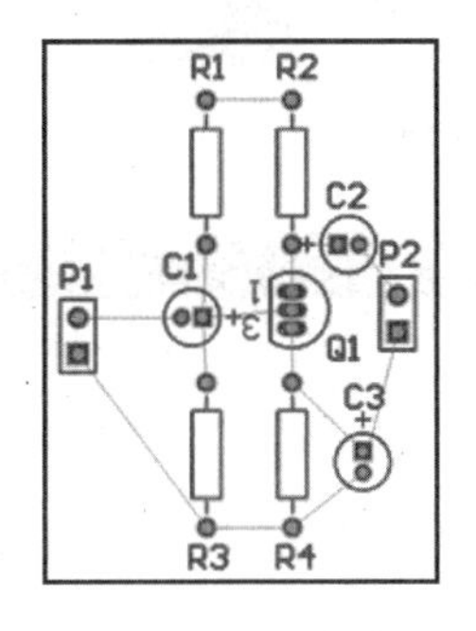

图 12－17　元件布局

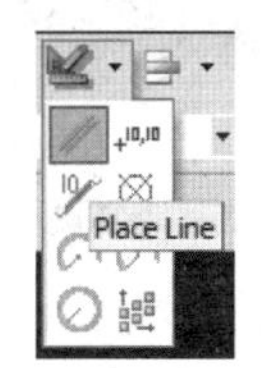

图 12－18　画矩形命令

⑥在边框的左下角设定原点，可在菜单栏中执行“Edit”→“Origin”→“Set”命令。选中电路板的尺寸范围，重新定义 PCB 板的外形，如图 12－19 所示。

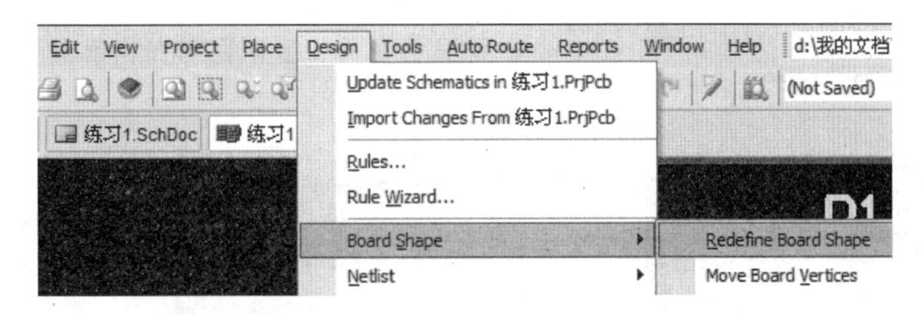

图 12－19　定义 PCB 板的外形

定义图纸大小的过程和完成情况如图 12－20 所示。

⑦定义布线规则，其操作步骤如图 12－21 所示。

⑧打开对话框后，定义最小间距，比如将最小间距改为 0. 3 mm，如图 12－22 所示。

⑨定义线宽度，比如将信号线的宽度定为 0. 5 mm，如图 12－23 所示。

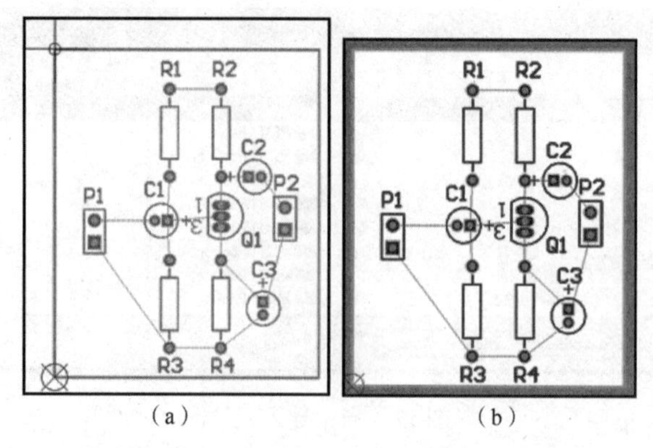

图 12－20　定义图纸大小的过程和完成情况
（a）定义图纸大小；（b）完成情况

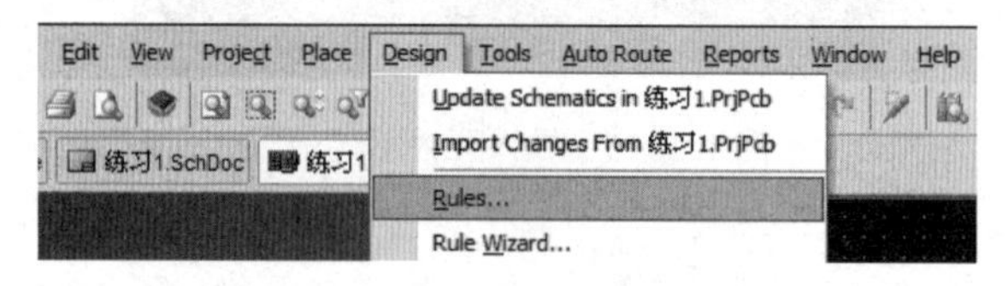

图 12－21　定义布线规则

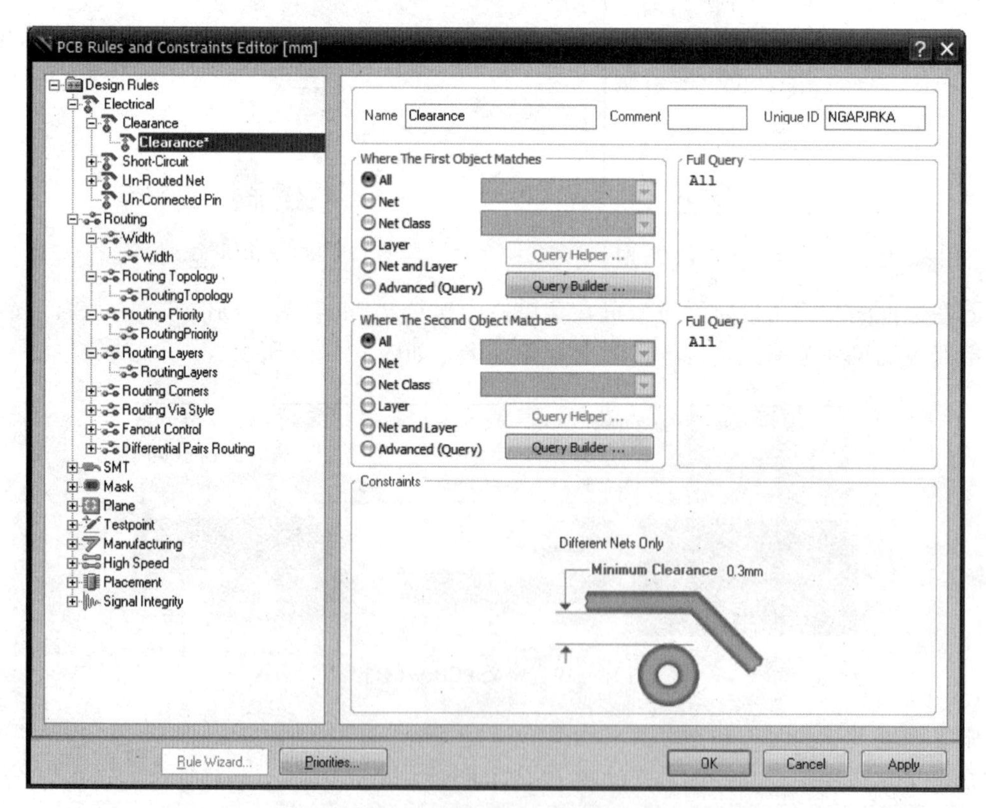

图 12－22　定义最小间距

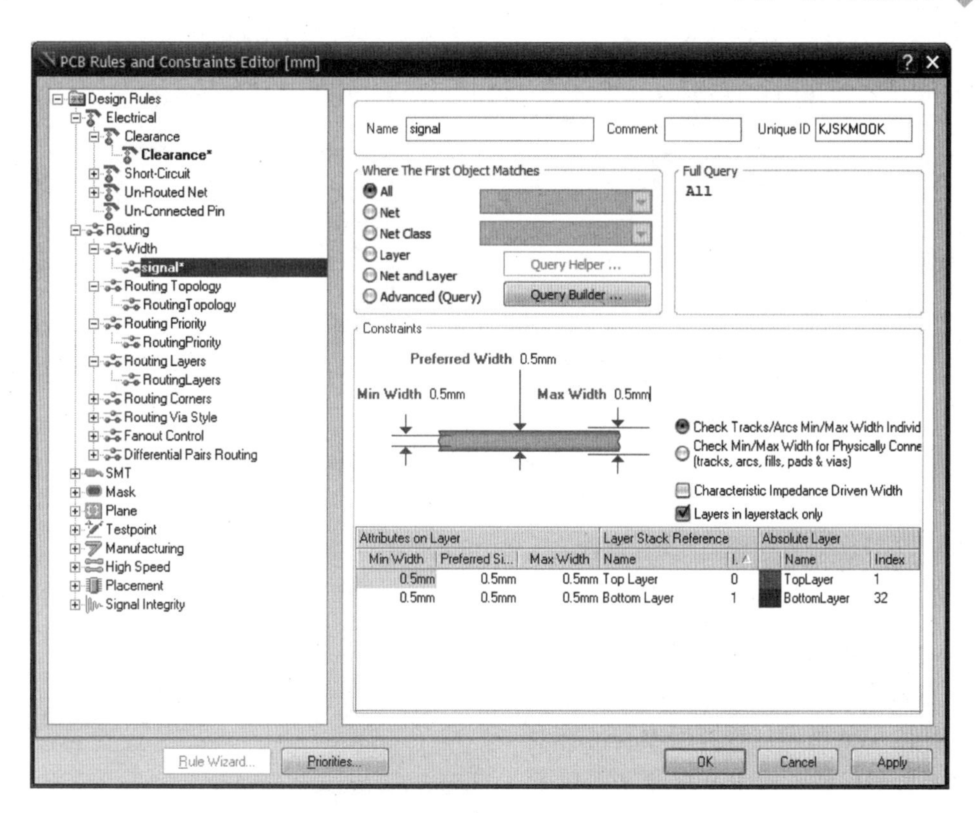

图 12－23　定义线粗细

⑩定义布线层。Altium Designer 软件的布线层默认是双面板布线，若勾选“Top Layer”，则是顶层布线；勾选“Bottom layer”，则是底层布线（一般默认单面板为底层布线）。这里选择底层布线，如图 12－24 所示。

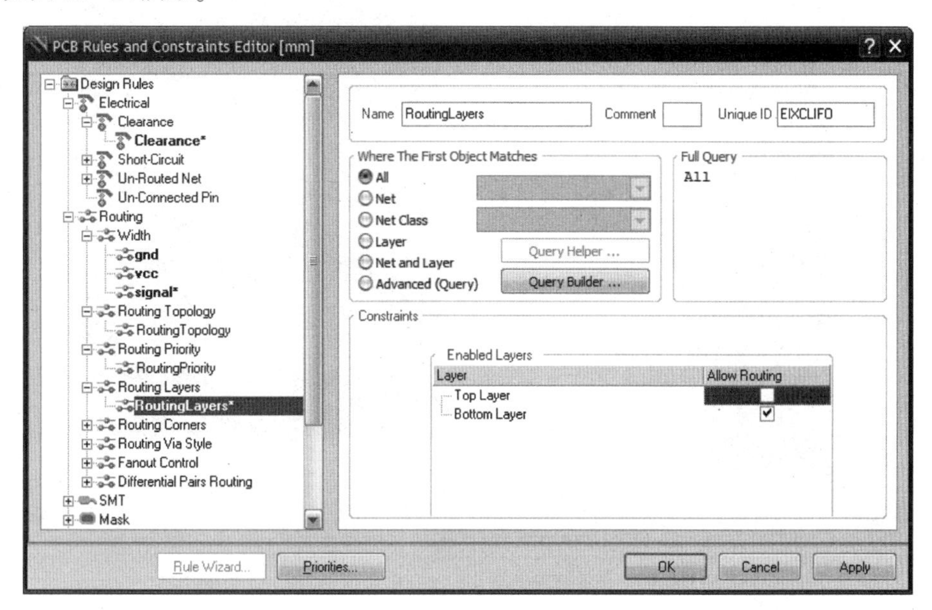

图 12－24　定义布线层

⑪在菜单栏执行“Auto Route”→“All”，在弹出的对话框中单击“Route All”按钮，完成自动布线，如图 12－25 所示。如果有不合适的线，需要手工修改。

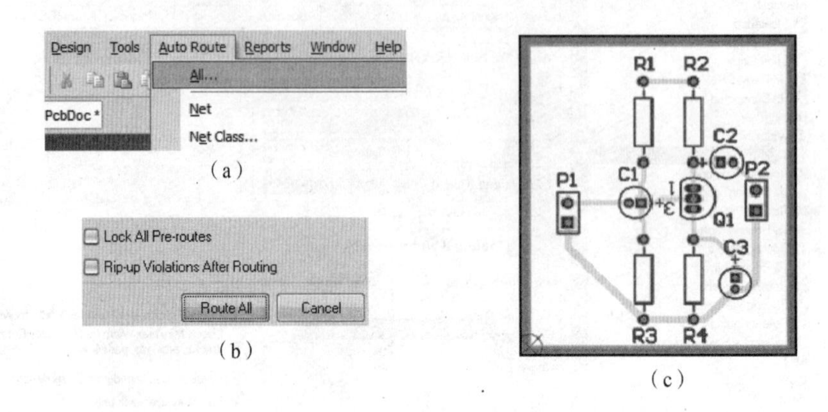

图 12－25 自动布线

(a) 自动布线菜单命令；(b) 自动布线对话框；(c) 自动布线完成图

⑫在菜单栏中执行“Tools”→“Design Rule Check...”，进行布线规则检查，如图 12－26 所示。检查后 Messages 对话框应该是空白的，如果有致命错误则要返回 PCB 图进行修改。

图 12－26 布线规则检查

⑬在菜单栏中执行“View”→“Switch To 3D”进行电路板的三维显示，如图 12－27 所示。

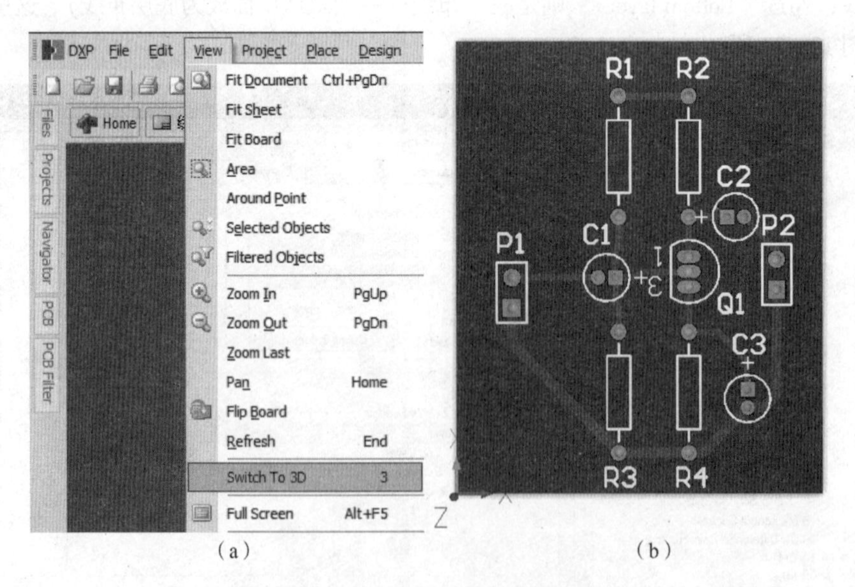

图 12－27 电路板的三维显示

(a) 电路板的三维显示菜单命令；(b) 电路板的三维显示效果图

⑭电路板的 3 维显示（立体显示）。在菜单栏中执行“Tools”→“Legacy Tools”→“Legacy 3D View”命令，则 3D 视图可以翻转。如图 12－28 所示。

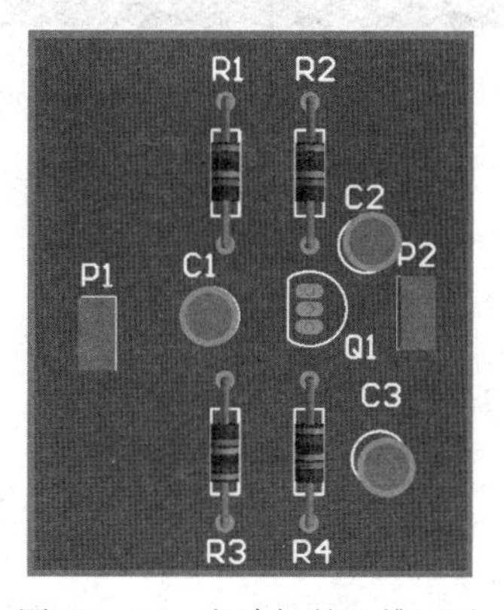

图 12－28　电路板的 3 维显示

⑮PCB 板后续加工处理。

a）补泪滴。在菜单栏中执行“Tools”→“Teardrops”命令，单击“OK”按钮，效果如图 12－29 所示。

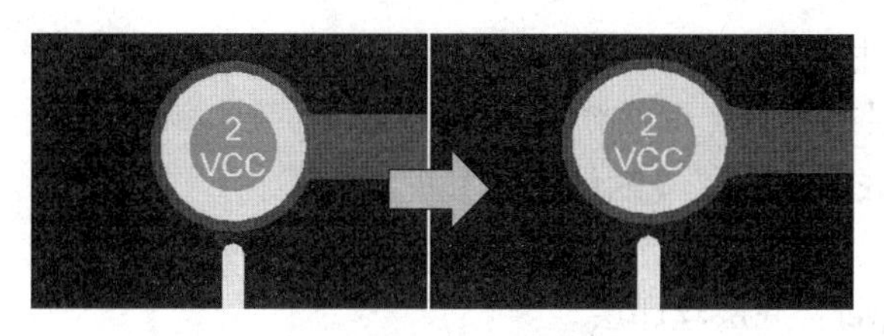

图 12－29　补泪滴效果

b）敷铜。单面板只需底层敷铜，双面板需顶层和底层都敷铜。设置对话框如图 12－30 所示。

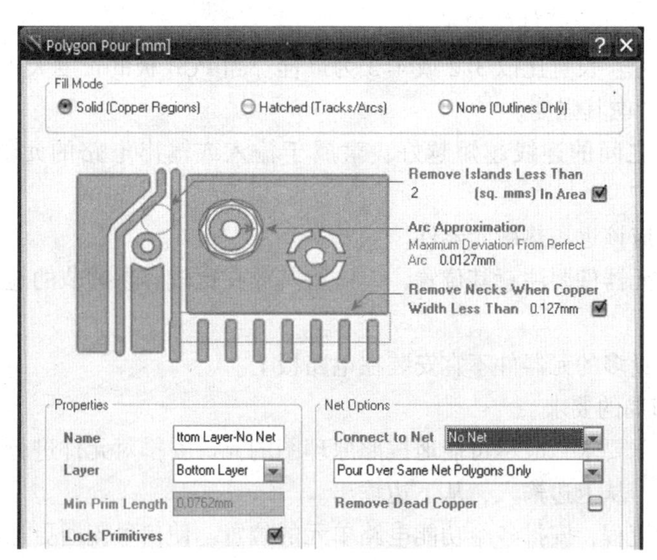

图 12－30　敷铜

c）放置字符串，设置对话框，如图 12－31 所示。

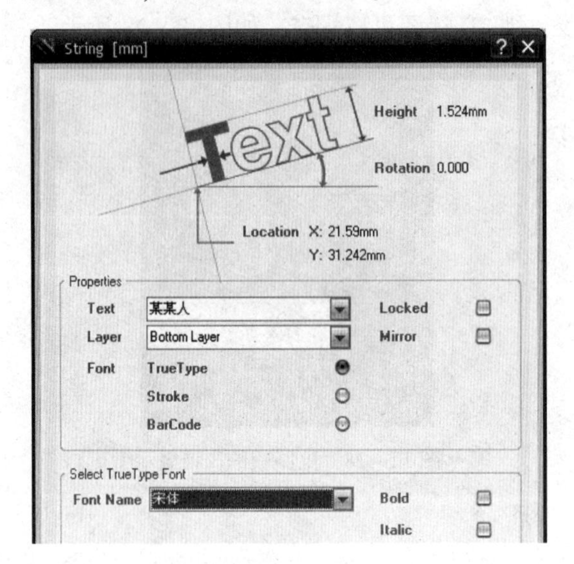

图 12－31　放置字符串

（2）PCB 板中常用各个层的含义

①Top layer：顶层布线层（默认红色）。

②Bottom layer：底层布线层（默认蓝色）。

③Top－Overlayer：顶层丝印层，用于字符的丝网印刷。

④Bottom－Overlayer：底层丝印层。

⑤Keep－Outlayer：禁止布线层，用于定义 PCB 板框。

⑥Multilayer：穿透层（焊盘镀锡层）。

⑦MechanicalLayer：机械层，用于尺寸标注等。

（3）PCB 板尺寸和元器件的要求

①PCB 板的尺寸：长宽比以 3:2 或 4:3 为最佳。当 PCB 板的长度大于 200 mm 或宽度大于 150 mm 时，需考虑其强度。

②高频元器件之间的连线越短越好，隶属于输入或输出电路的元器件之间的距离越远越好。

③发热元器件应该远离热敏元器件。

④可以调节的元器件要注意其位置，应该将其放在比较容易调节的地方，要与整机的面板一致。

⑤太重或发热量多的元器件不宜安装在电路板上。

（4）PCB 板布局的要求

①如果没有特殊要求，应尽可能地按照原理图的元件安排对元件进行布局，信号从左边输入，从右边输出，从上边输入，从下边输出。

②按照电路的流程，安排各个功能电路单元的位置，使信号流通更加顺畅和保持一致。

③以每个功能电路为核心进行布局，元件的安排应该均匀、整齐、紧凑。

④数字部分与模拟部分的地线应分开。

（5）PCB 板布线的要求

①线长。铜线应该尽可能短，拐角为圆角或斜角。

②线宽。一般线宽为 1.5 mm，可以流过 2 A 的电流，一般选择线宽不小于 0.3 mm 的线，若是手工制板则要选择线宽不小于 0.5 mm 的线。

③线间距。相邻铜线之间的距离应该满足电气安全要求，同时为了便于生产，线间距越宽越好，最小间距应该能承受所加电压的峰值。

④屏蔽与接地。铜线的公共地应该尽可能地放在电路板的边缘部分，在电路板上应该尽可能多地保留铜箔作为地线，这样可以使屏蔽能力增强。地线的形状最好做成环路或网络状。

⑤顶层、底层走线应尽量相互垂直，避免相互平行，尽量减少过孔的数量。

（6）Altium Designer 的绘图单位

Altium Designer 提供了两种绘图尺寸的单位：英制（imperial）和公制（metric）。它们的关系为：

1 inch（英寸）=25.4 mm（毫米）

电阻、电容、集成电路等绝大多数器件的管脚间距是以英制单位定义的。例如：电阻封装 AXIAL0.3 表示管脚间距为 0.3 inch（7.62 mm）；电容封装 RAD0.2 表示管脚间距为 0.2 inch（5.08 mm）；DIP 封装集成电路芯片相邻管脚的间距为 0.1 inch（2.54 mm）。

项目十三

Keil μVision 软件及其使用

一、Keil μVision 软件介绍

Keil μVision 是单片机应用系统开发中使用较多的一种开发工具。它提供了包括 C 编译器、宏汇编、连接器、库管理和仿真调试器等在内的完整开发方案，并通过一个集成开发环境将这些部分组合在一起。

Keil μVision 软件的窗口如图 13－1 所示。在窗口标题栏下面是菜单栏，菜单栏下面是工具栏，工具栏下面的左边是项目管理器窗口，右边是编辑窗口，再下面是输出窗口、查看和调动堆栈窗口以及存贮器窗口，可以通过视图菜单（View）下的命令打开或关闭。

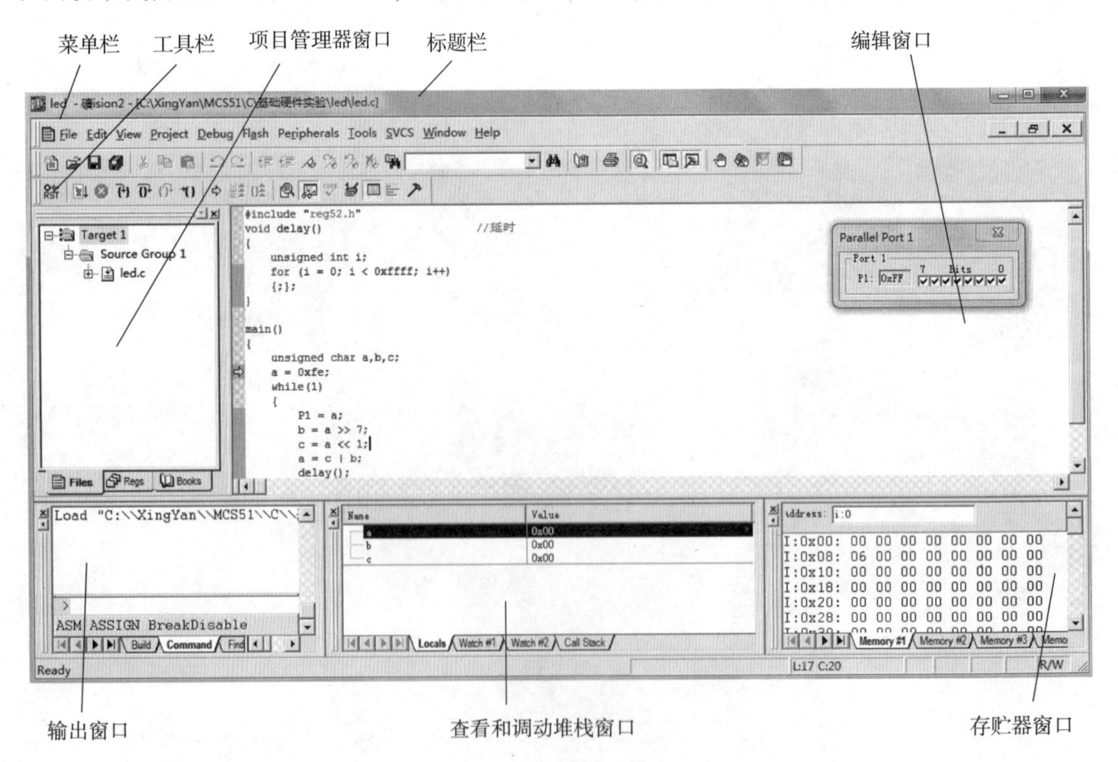

图 13－1　Keil μVision 软件的窗口

1. 菜单栏

Keil μVision 软件的菜单栏提供各种操作菜单，如文件操作菜单（File）、编辑操作菜单（Edit）、视图菜单（View）、开发工具选项设置（Project）、调试程序（Debug）、内存菜单（Flash）、外围设备（Peripherals）、工具菜单（Tools）、软件版本控制系统菜单（SVCS）、窗口选择（Window）和在线帮助（Help）。菜单栏的主菜单、子菜单、功能说明、图标和快捷键说明见附录一附表1 菜单说明。

2. 工具栏介绍

Keil μVision 软件的工具栏图标、提示、功能说明如附录一附表2 所示。

二、Keil μVision 软件的使用

使用 Keil μVision 软件编译，并生成能够往单片机中烧写的 HEX 文件，步骤如下：

①在 Windows 下运行 Keil μVision 软件，进入 Keil μVision 软件的开发环境。

②在菜单栏中执行“Project”→“New Preject...”命令，建立一个新的工程项目，如图 13－2 所示。

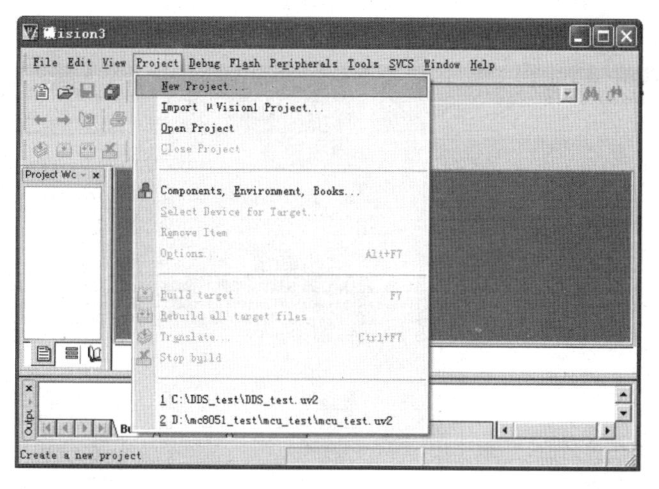

图 13－2　建立新工程项目

③给新建的工程项目命名为“led”，然后保存在同名文件夹下，如图 13－3 所示。

④紧接着自动弹出器件选择对话框，在左侧栏中选择 Atmel 公司的 AT89C52，如图 13－4 所示。

⑤在菜单栏中执行“File”→“New”命令，打开程序编辑器，如图 13－5 所示。

⑥输入程序，检查无误后保存文件 led. c（主文件名 . c）到工程项目名与其相同的目录中，输入程序如图 13－6 所示，保存程序如图 13－7 所示。

⑦保存好程序后还需要把文件加入工程项目中。在 Project Workspace 窗口中，右击 Source Group1 条目，在弹出的菜单中执行“Add Files to Group ‘Source Group 1’”命令，如图 13－8 所示。

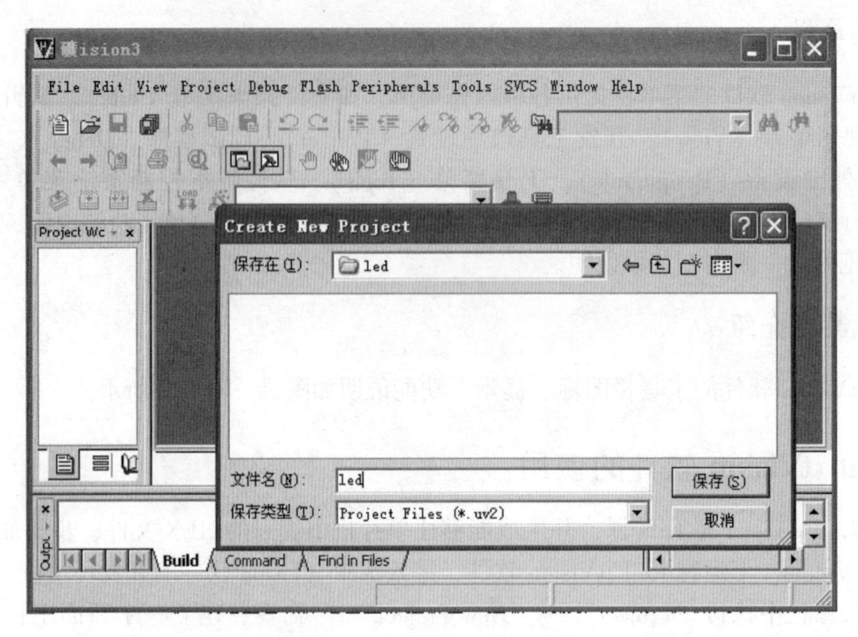

图 13－3　给工程项目命名

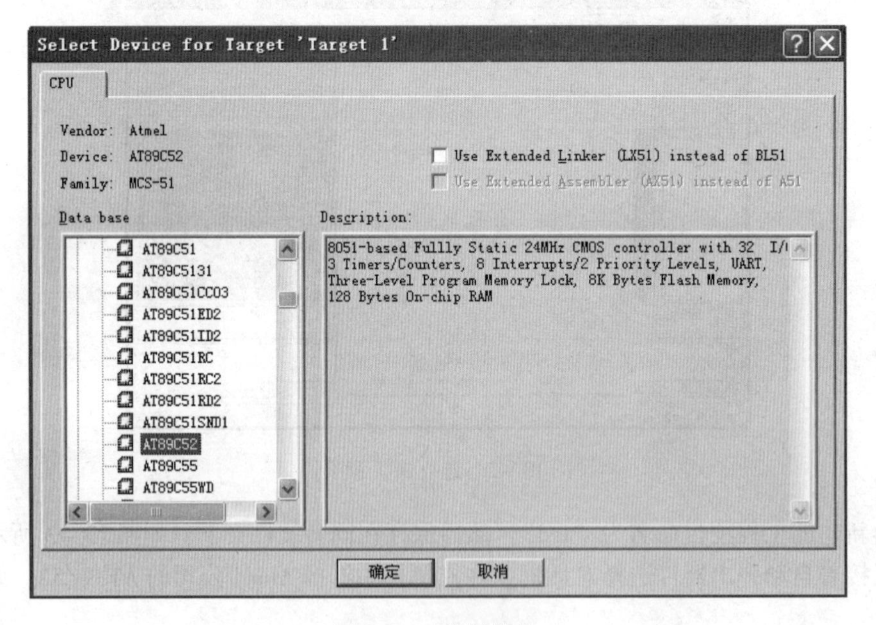

图 13－4　选择器件

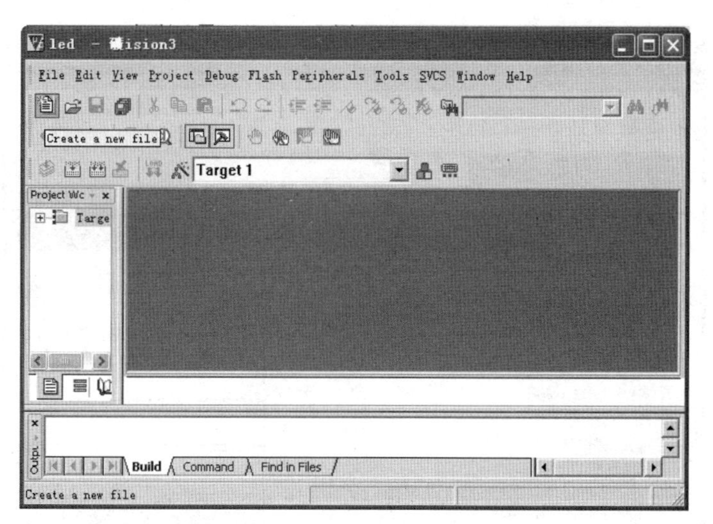

图 13－5　打开程序编辑器

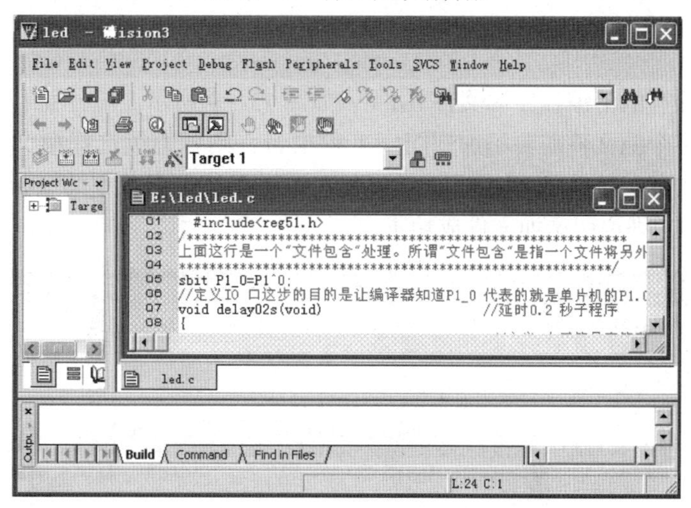

图 13－6　输入程序

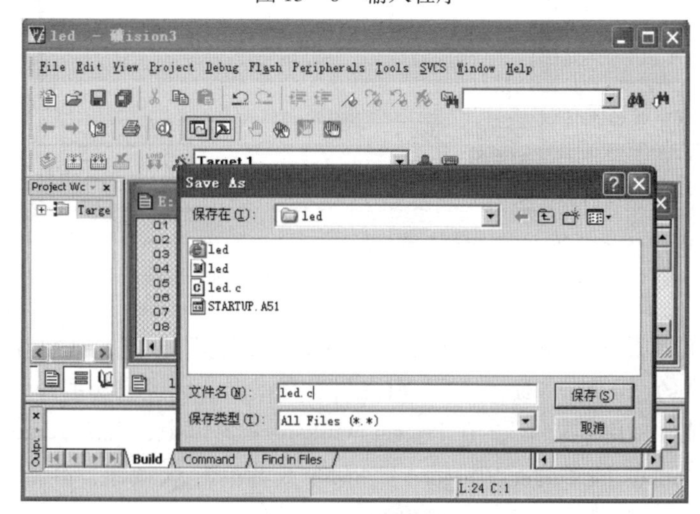

图 13－7　保存程序

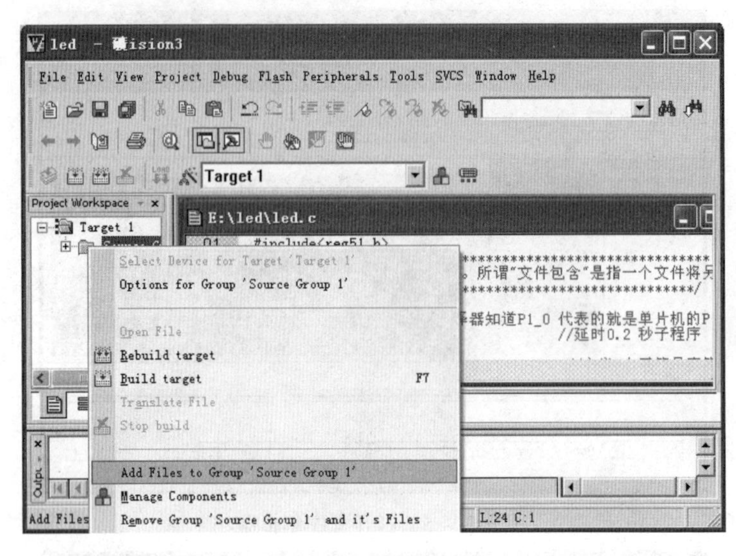

图 13－8 添加文件

⑧加入刚才保存的汇编程序源文件 led. c，如图 13－9 所示。应注意，单击一次“Add”按钮即可，若有多个源文件需要添加到同一工程项目，则可继续选择源文件并单击“Add”按钮，选完后单击“Close”按钮退出。若看到左边工程信息窗口中的 Source Group1 下面多了一个 led. c 文件，则说明添加文件成功了。

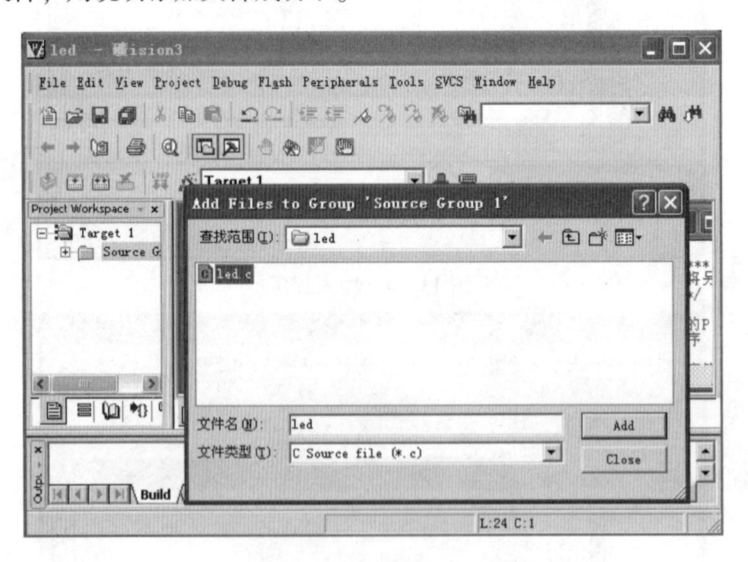

图 13－9 选定并添加源文件

⑨接着编译工程项目，如图 13－10 所示，单击“编译”按钮，如果在下面的信息窗口中显示“0 Error（s），0 Warning（s）”，则说明没有错误，已经成功编译。

⑩接下来生成“. HEX 文件”。在 Project Workspace 窗口中，右击 Target 1 条目，在弹出的菜单中执行“Options for Target‘Target 1’”命令或者单击按钮，准备为 Target 1 配置编译环境，如图 13－11 所示。

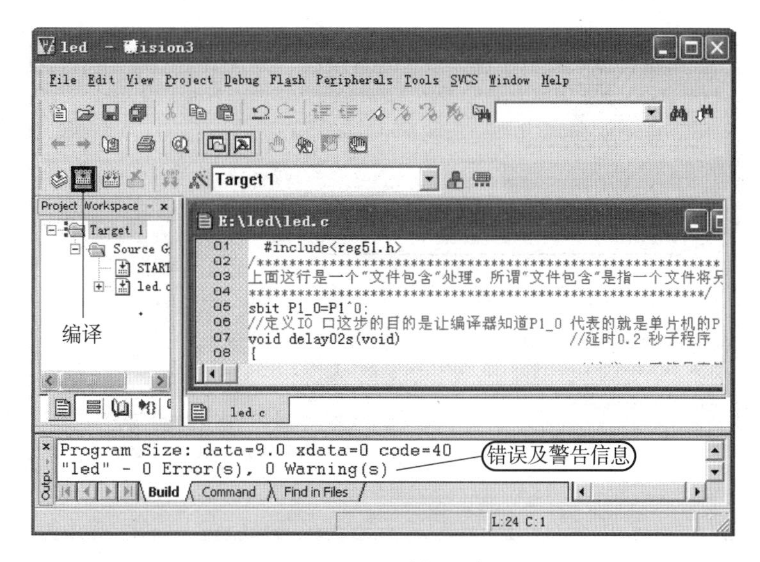

图 13－10　编译程序

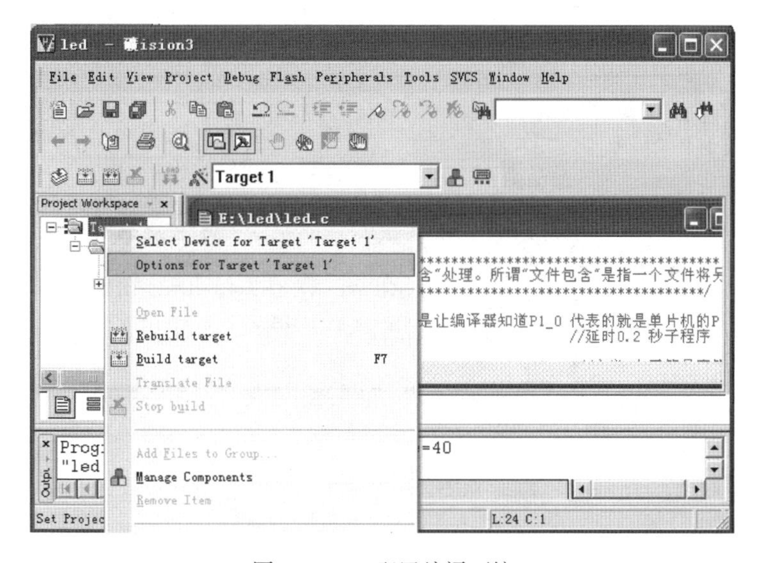

图 13－11　配置编译环境

⑪在"Output"选项卡中选择"Create HEX File"复选按钮，以便输出单片机烧写用的 HEX 格式文件，如图 13－12 所示。

⑫选项配置好后，打开"Project"菜单，执行"Build target"命令，或者单击图标，再次编译工程项目，如图 13－13 所示。

⑬编译结果显示在"Output Window"中，如图 13－14 所示。若有错误提示，可双击错误提示行，然后定位到源程序中修改；若无错误提示，可进行下面的软件调试。

⑭当编译没有错误后，在 Keil µVision 软件菜单栏中执行"Debug"→"Start/Stop Debug Session"命令，进入软仿真调试，如图 13－15 所示。

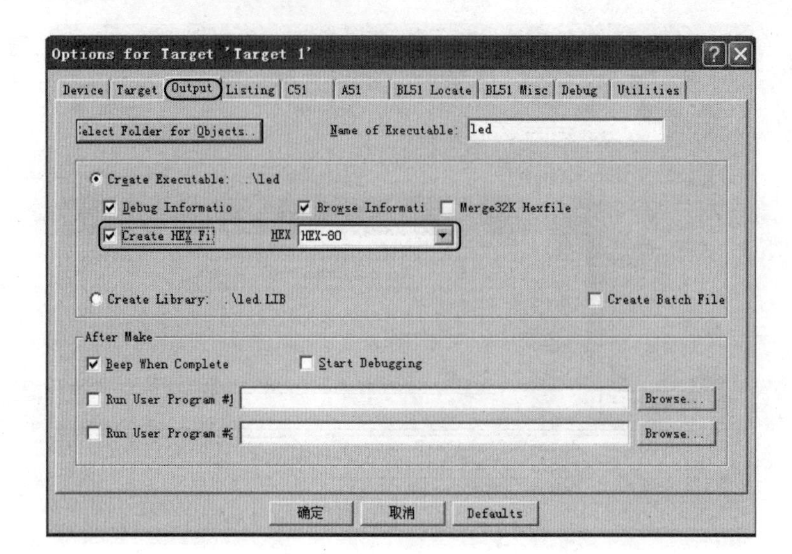

图 13-12 选择 HEX 格式

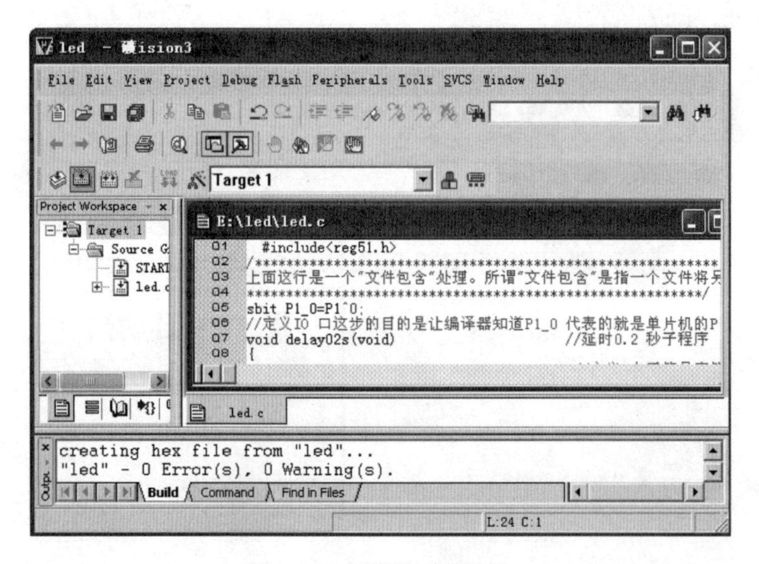

图 13-13 编译工程项目

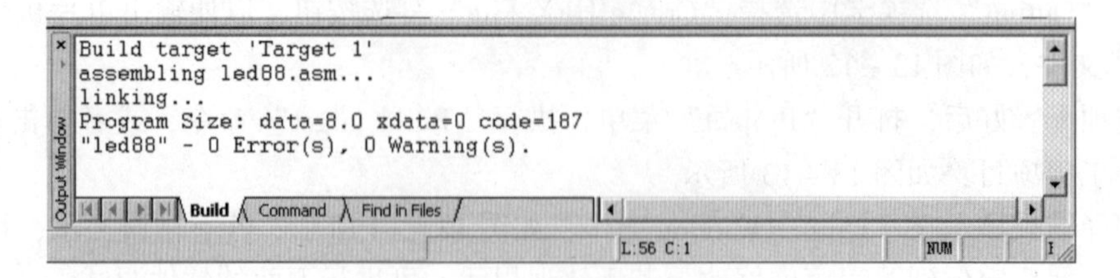

图 13-14 编译结果

⑮在 Keil μVision 软件中，打开 “Peripherals” 菜单，执行 “I/O－Ports” → “Port 1” 命令，选择输入输出端口，如图 13-16 所示。

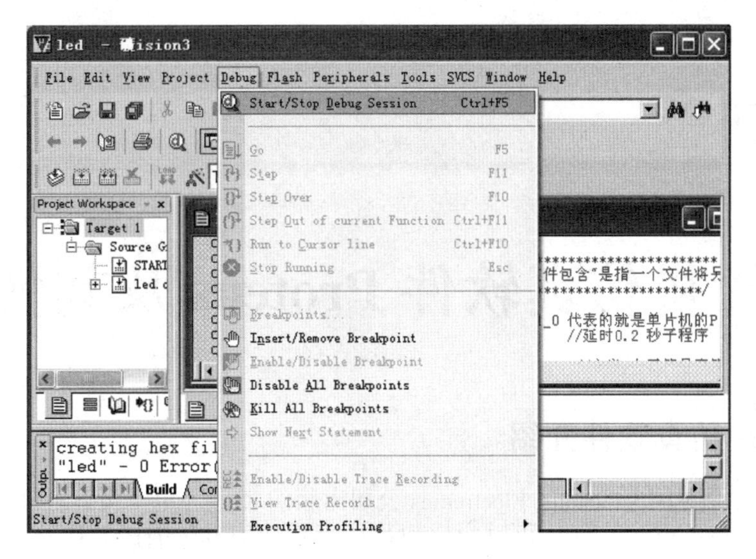

图 13－15　软仿真调试

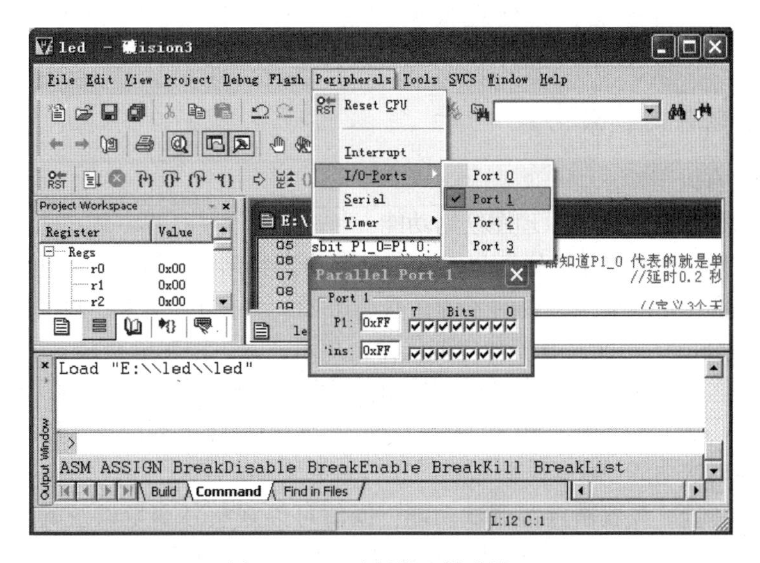

图 13－16　选择输入输出端口

⑯在 Keil μVision 软件中，打开“Debug”菜单，执行“Stip Over”命令（或按［F10］），即可进行单步调试；若执行“Step”命令（或按［F11］），则可深入子程序中调试；若执行“Go”命令（或按［F5］），即可全速运行程序。在此选择全速运行，即可看见在“Parallel port 1”对话框中，代表各位的钩在不断变化。

至此，已经完成了使用 Keil μVision 软件编译并生成能够往单片机中烧写的 HEX 文件。

项目十四

单片机仿真软件 Proteus 及其使用

一、Proteus 仿真软件介绍

Proteus 软件是英国 Labcenter Electronics 公司出版的 EDA（电子设计自动化）工具软件，可完成从原理布图、PCB 设计、代码调试到单片机与外围电路的协同仿真、真正实现了从概念到产品的完整设计，是目前世界上唯一将电路仿真软件、PCB 设计软件和虚拟模型仿真软件三合一的设计平台，其处理模型支持 8051、HC11、PIC、AVR、ARM、8086、MSP430、Cortex 和 DSP 系列处理器，并持续增加其他系列处理器模型。

1. Proteus 软件的特点

Proteus 软件有以下特点：

①Proteus 软件具有强大的原理图绘制功能。

②Proteus 软件实现了单片机仿真与 SPICE 电路仿真相结合。具有模拟电路仿真、数字电路仿真、单片机及其外围电路组成的系统仿真、RS232 动态仿真、I^2C 调试器、SPI 调试器、键盘和 LCD 系统仿真的功能；有各种虚拟仪器，如示波器、逻辑分析仪、信号发生器等。

③支持主流单片机系统的仿真。目前支持的单片机类型有：68000 系列、8051 系列、AVR 系列、PIC12 系列、PIC16 系列、PIC18 系列、Z80 系列、HC11 系列以及各种外围芯片。

④提供软件调试功能。

具有全速、单步、设置断点等调试功能，同时可以观察各变量以及寄存器等的当前状态，并支持第三方编译和调试环境，如 wave6000、Keil 等软件。

2. Proteus 软件的构成

Proteus 软件由 ISIS、VSM 仿真单元和 ARES 三部分构成，其中 ISIS 是智能原理图输入系统，是一款便捷的电子系统原理设计和仿真平台软件，VSM 仿真单元是含混合模型仿真、高级图形仿真（AFS）等的仿真模块，而 ARES 则是一款高级 PCB 布线编辑软件。

（1）ISIS（智能原理图输入系统）

ISIS 是 Proteus 系统的中心，具有控制原理图画图的超强设计环境。ISIS 有以下特性：

①个性化的编辑环境。用户可以自定义图形外观，包括线宽、填充类型、字符等，也可以使用模板。

②快捷选取/放置器件。通过模糊搜索可快速从器件库中选取器件。

③原理图自动走线。只要单击想要连接的两个引脚，就能简单地实现走线。在特殊的位置需要布线时，使用者只需在中间的角落单击，就能自动布线。自动走线也能在元件移动的时候操作，自动解决相应连线，节点能够自动布置和移除，这样既节约了时间，又避免了其他可能的错误。

④支持层次设计。模块可画成标准元件，特殊的元件能够被定义为通过电路图表示的模块，从而任意设定层次，在使用中可放置和删除端口的子电路模块。

（2）VSM 仿真单元

Proteus 软件的 VSM 仿真方式有两种，一种是交互式仿真，另一种是基于图表的仿真（ASF）。交互式仿真主要用于检验用户所设计的电路是否能正常工作，而基于图表的仿真则用来研究电路的工作状态及进行细节的测量。

VSM 中的仿真工具有以下 4 种：

①探针。探针直接布置在线路上，用于采集和测量电压/电流信号。

②电路激励。电路激励是系统的激励信号源。

③虚拟仪器。虚拟仪器用于定性分析电路的运行状况。

④曲线图表。曲线图表用于定量分析电路的参数指标。

（3）ARES（PCB 布线编辑软件）

ARES 具有以下 5 个基本特点：

①支持 16 个铜箔层，2 个丝印层，4 个机械层。

②能够自动回注，支持引脚交换和门交换。

③具有强大的编辑功能。

④具有完备的器件库（包括 SM782 标准的 SMT 封装库）。

⑤输出格式适合多数的打印机或绘图仪。

3. Proteus 8 Professional 界面简介

安装完 Proteus 8 Professional 软件后，运行该软件会出现如图 14－1 所示的窗口界面。

（1）原理图编辑窗口（The Editing Window）

原理图编辑窗口是用来绘制原理图的。窗口右下方的大方框内为可编辑区，元件要放在里面。注意，这个窗口是没有滚动条的，可以用预览窗口来改变原理图的可视范围。

（2）预览窗口（The Overview Window）

预览窗口可以显示两个内容，一是当在元件列表中选择一个元件时，它会显示该元件的预览图；二是当鼠标焦点落在原理图编辑窗口时（即放置元件到原理图编辑窗口后或在原理图编辑窗口中单击鼠标后），它会显示整张原理图的缩略图，并会显示一个绿色的方框，方框里面的内容就是当前原理图窗口中显示的内容。因此，可以用鼠标在预览窗口上面单击来改变绿色方框的位置，从而改变原理图的可视范围。

（3）模型选择工具栏（Mode Selector Toolbar）

模型选择工具栏中的主要模型（Main Modes）有如下几个：

①▶：选择元件（默认选择的）。

②✦：放置连接点。

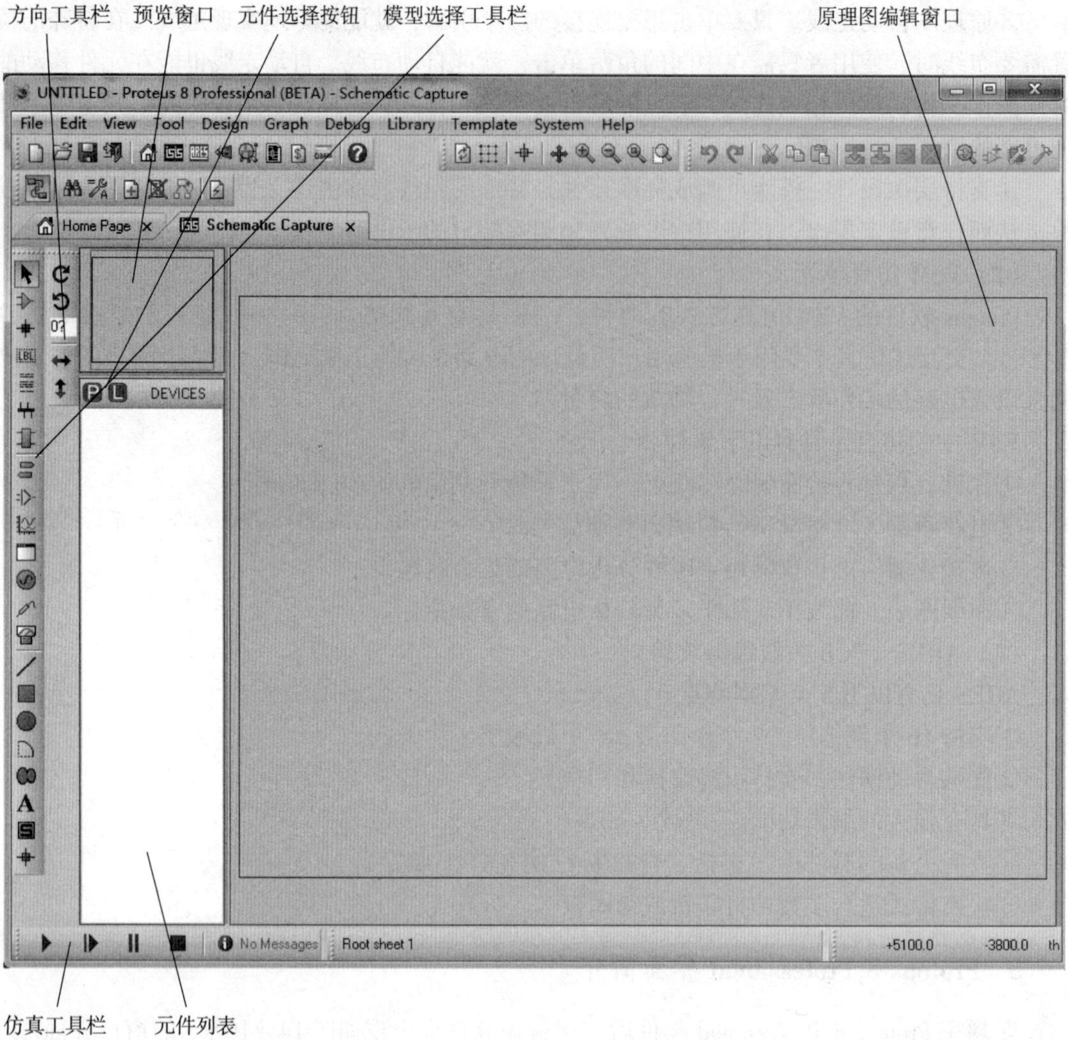

方向工具栏　预览窗口　元件选择按钮　模型选择工具栏　原理图编辑窗口

仿真工具栏　元件列表

图 14－1　Proteus 8 Professional 软件界面

③：放置标签（用总线时会用到）。

④：放置文本。

⑤：用于绘制总线。

⑥：用于放置子电路。

⑦：用于即时编辑元件参数（先单击该图标，再单击要修改的元件）。

模型选择工具栏中的配件（Gadgets）有如下几个：

①：终端接口：有 V_{CC}、地、输出、输入等接口。

②：器件引脚：用于绘制各种引脚。

③：仿真图表：用于各种分析，如 Noise Analysis。

④：录音机。

⑤：信号发生器。

⑥：电压探针，使用仿真图表时要用到。

⑦ ：电流探针，使用仿真图表时要用到。

⑧ ：虚拟仪表，有示波器等。

模型选择工具栏中的2D图形（2D Graphics）工具有如下几个：

① ：画各种直线。

② ：画各种方框。

③ ：画各种圆。

④ ：画各种圆弧。

⑤ ：画各种多边形。

⑥ A ：画各种文本。

⑦ ：画符号。

⑧ ：画原点等。

（4）元件列表（The Object Selector）

元件列表用于挑选元件、终端接口、信号发生器、仿真图表等。当选择“元件（components）”时，单击“P”按钮会打开挑选元件对话框，选定一个元件后，单击“OK”按钮，该元件会在元件列表中显示，以后要用到该元件时，只需在元件列表中选择即可。

（5）方向工具栏（Orientation Toolbar）

方向工具栏有以下几个功能：

①旋转： 0 设置时旋转角度只能是90°的整数倍。

②翻转： 完成水平翻转和垂直翻转。

使用方法：先右击元件，再单击相应的旋转图标。

（6）仿真工具栏

仿真工具栏中仿真控制按钮的功能如下：

① ：运行。

② ：单步运行。

③ ：暂停。

④ ：停止。

二、Proteus软件的使用

1. 绘制原理图

绘制原理图要在原理图编辑窗口中的蓝色方框内完成。原理图编辑窗口的操作不同于常用的Windows应用程序，正确的操作是：用左键放置元件；右键选择元件；双击右键删除元件；右键拖选多个元件；先右键后左键编辑元件属性；连线用左键，删除用右键；改连接线是先右击连线，再左键拖动；中键缩放原理图。

2. 定制元件

定制元件有三个实现途径：一是用Proteus VSM SDK（开发仿真模型）制作元件；二是在已有的元件基础上进行改造，比如把元件改为bus接口；三是利用已制作好的元件，可以到网上下载一些新元件并把它们添加到自己的元件库里面。

3. Sub. Circuits 应用

用一个子电路把部分电路封装起来，节省原理图窗口的空间。

常用元件名称及关键字如表 14-1 所示，方便查找放置元件。

表 14-1　元件名称及关键字

元件名称	关键字	元件名称	关键字
单片机	AT89C51	红色发光二极管	LED-RED
晶振	CRYSTAL	绿色发光二极管	LED-GREEN
电阻	RES	带公共端共阳极七段绿色数码管	7SEG-COM-AN-GRN
上拉电阻	PULLUP	7SEG-BCD-GRN	七段 BCD 绿色数码管
8 排电阻	RX8	四个七段共阴绿色数码管	7SEG-MPX4-CA-GRN
排阻	RESPACK	滑线变阻器	POT
电容	CAP	点阵	MATRIX
电解电容	CAP-ELEC	发光二极管	LED
电感	INDUCTOR	二极管	DIODE
按钮	BUTTON	PNP 晶体管	PNP
开关	SW-SPST	NPN 晶体管	NPN
扬声器	SPEAK	与门	AND
蜂鸣器	BUZZER	与非门	NAND
继电器	OZ-SH-105D	或非门	NOR
运放	OPAMP	或门	OR

4. 仿真操作过程

接下来，以 C51 单片机 AT89C51 为例，介绍 Proteus 软件的仿真操作过程。

①运行 Proteus 8 Professional，添加 AT89C51、电阻、发光二极管、反相驱动器、开关、电源等元件到元件列表中。单击"P"按钮，将所需元器件加入到对象选择器窗口，如图 14-2 所示。

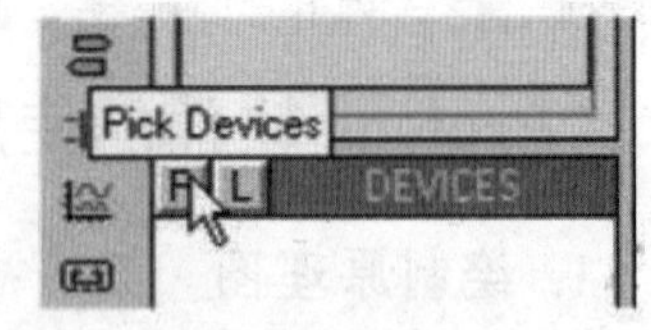

图 14-2　添加所需元件

弹出"Pick Devices"页面后，在 Microprocessor ICs 库中查找或在"Keywords"输入"AT89C51"，系统在对象库中进行搜索查找，并将搜索结果显示在"Results"中，如图 14-3 所示。

在"Results"栏中的列表项中，双击"AT89C51"，则可将"AT89C51"添加至对象选择器窗口。接着在"Keywords"栏中依次重新输入 7406、LED-BIBY、RES、SW-SPDT，将它们添加到元件列表中，并将上述元件添加到原理图编辑区中。由于可以进行自动标号，先选择主菜单中的工具实时标注或按【CTRL】+【N】；然后左键选择模型并选择工具栏中的图标，添加电源及接地端子；最后，按图进行连线。

②添加仿真文件。先右键单击 AT89C51 再左键单击，在出现的对话框的"Program File"

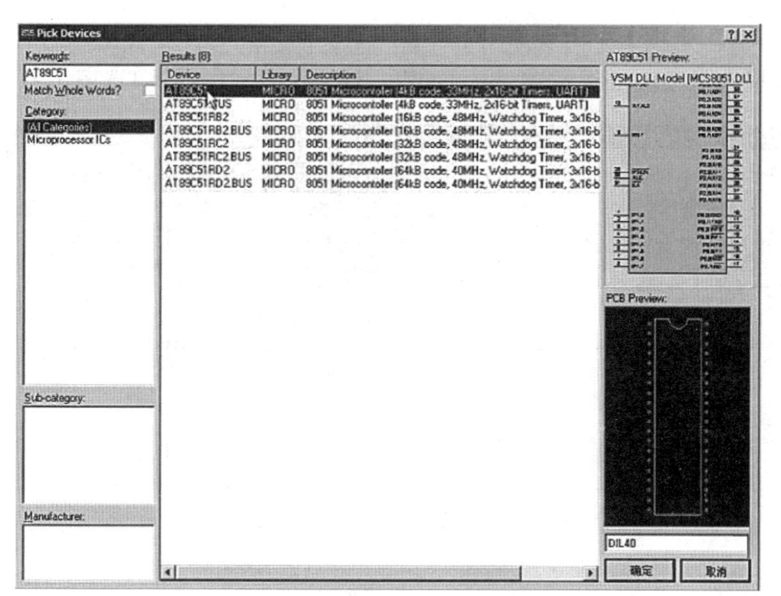

图 14－3　搜索结果

中单击出现文件浏览对话框，找到编译后的十六进制文件，单击“确定”，完成添加文件，在“Clock Frequency”中把频率改为 11.059 2 MHz，单击“确定”。

③仿真。红色代表高电平，蓝色代表低电平，灰色代表不确定电平。运行时，在 Debug 菜单中可以查看单片机的相关资源。

④源代码调试，即 Keil 软件与 Proteus 连接调试。双击“Keil uVision2”图标，进入集成开发环境，创建一个新项目（Project），并为该项目选定合适的单片机 CPU 器件（如 Atmel公司的 AT89C51），并为该项目加入 Keil C51 或 ASM51 源程序。

⑤单击“Project 菜单/Options for Target”选项或者单击工具栏的“option for target”按钮，弹出选项对话框如图 14－4 所示，切换到“Output”选项卡，将“Create HEX Fi”的复选框勾选。

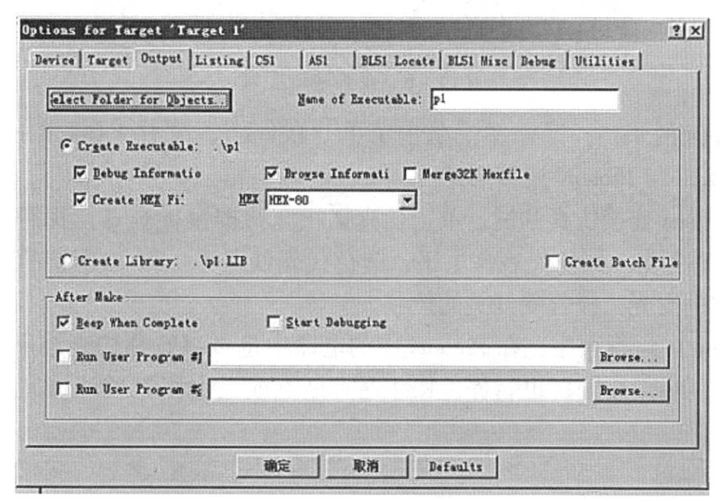

图 14－4　选项对话框

单击“Debug”选项卡，出现如图 14－5 所示页面。此时，要在出现的对话框的右栏上部的下拉菜单里选中“Proteus VSM Simulator”，且要选中“Use”单选按钮。

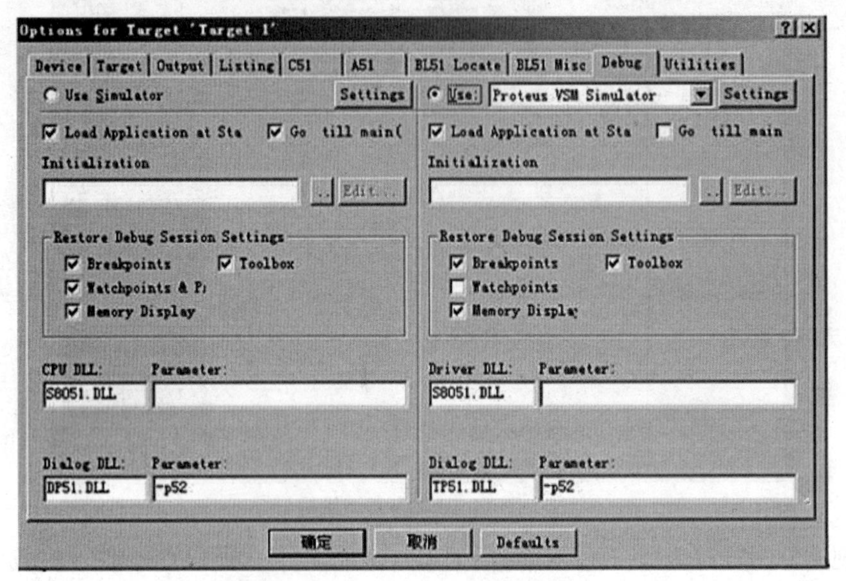

图 14－5　“Debug”选项卡

再单击“Setting”按钮，设置通信接口，在“Host”后面添上“127. 0. 0. 1”，如果使用的不是同一台计算机，则需要在这里添上另一台计算机的 IP 地址（另一台计算机也应安装 Proteus）。在“Port”后面添加“8000”。单击“OK”按钮即可，如图 14－6 所示。

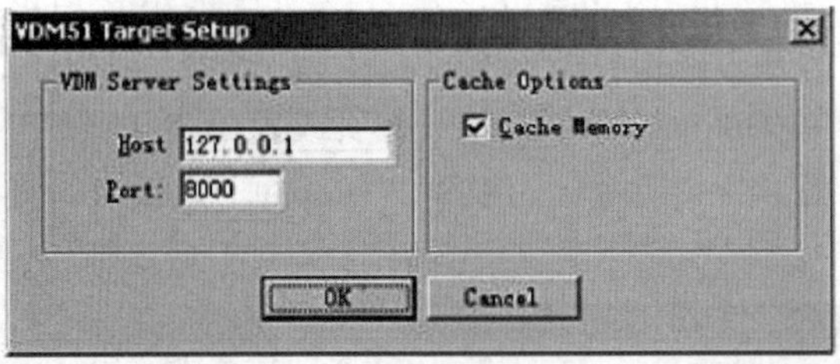

图 14－6　设置通信接口

⑥进入 Proteus 的 ISIS，鼠标左键单击菜单“Debug”，选中“Use Remote Debug Monitor”，便可实现 Keil 与 Proteus 连接调试。

⑦Keil 与 Proteus 连接仿真调试。单击仿真运行开始按钮 ▶ ，我们能清楚地观察到每一个引脚的电平变化，红色代表高电平，蓝色代表低电平。P1 口所接的发光二极管循环点亮、P2 口所接的发光二极管受开关的控制。

同样，在 Keil 中运行程序，在 Proteus 中的电路中也可以看到仿真结果。Keil 中运行暂停或遇到断点时，Proteus 仿真也暂停，Keil 遇到断点或退出调试或调试完毕时，Proteus 仿真也退出。

附录一

Keil μVision 软件

附表 1　菜单说明

主菜单	子菜单	功能说明	图标	快捷键
File	New	创建一个新的空白文件		[Ctrl]+[N]
	Open	打开一个已存在的文件		[Ctrl]+[O]
	Close	关闭当前文件		
	Save	保存当前文件		[Ctrl]+[S]
	Save as	当前文件另存为		
	Save all	保存所有打开的文件		
	Device Database	管理器件库		
	Print Setup	设置打印机		
	Print	打印当前文件		[Ctrl]+[P]
	Print Preview	打印预览		
	Exit	退出 Keil μVision		
Edit	Undo	取消上次操作		[Ctrl]+[Z]
	Redo	重复上次操作		[Ctrl]+[Shift]+[Z]
	Cut	剪切选定的文本到剪贴板		[Ctrl]+[X]
	Copy	复制选定的文本到剪贴板		[Ctrl]+[C]
	Paste	粘贴剪贴板的文字		[Ctrl]+[V]
	Indent Selected Text	将所选定的内容右移一个制表符		
	Unindent Selected Text	将所选定的内容左移一个制表符		
	Toggle Bookmark	设置/取消在当前行的标签		[Ctrl]+[F2]
	Goto Next Bookmark	光标移动到下一个标签		[F2]
	Goto Previous Bookmark	光标移动到上一个标签		[Shift]+[F2]
	Clear All Bookmarks	清除当前文件的所有标签		
	Find	在当前文件中查找文本		[Ctrl]+[F]
	Replace	替换特定的字符		[Ctrl]+[H]
	Find in Files	在多个文件中查找		
	Goto Matching Brace	寻找匹配的各种括号		

续表

主菜单	子菜单	功能说明	图标	快捷键
View	Status Bar	状态条		
	File Toolbar	文件工具栏		
	Build Toolbar	编译工具栏		
	Debug Toolbar	调试工具栏		
	Project Window	项目窗口		
	Output Window	输出窗口		
	Source Browser	打开资源（文件）浏览器窗口		
	Disassembly Window	反汇编窗口		
	Watch & Call Stack Window	观察和堆栈窗口		
	Memory Window	存贮器窗口		
	Code Coverage Window	代码报告窗口		
	Performance Analyzer Window	性能分析窗口		
	Logic Analyzer Window	逻辑分析窗口		
	Symbol Window	字符变量窗口		
	Serial Window	串口的观察窗口		
	Toolbox	自定义工具条		
	Periodic Window Update	在运行程序时，周期刷新窗口		
	Workbook mode	工作簿窗口的标签		
	Include Dependencies	项目的包含文件		
	Options	设置颜色、字体、快捷键和编辑器选项		
Project	New Project	创建新项目		
	Import μVision1 Project	导入 μVision1 的项目		
	Open Project	打开一个已存在的项目		
	Close Project	关闭当前项目		
	File Extensions，Books and Environment	设置工具书、包含文件和库文件的路径		
	Targets，Groups，Files	维护项目的对象、文件组或文件		
	Select Device for Target	为当前项目选择一个单片机型号		
	Remove	从项目中移除选择的一个组或文件		
	Options	设置对象组成文件的工具选项		[Alt]+[F7]
	Clear Group and File Options	清除所有文件组、文件的设置		
	Build Target	编译文件并生成代码文件		[F7]
	Rebuild target	重新编译所有文件并生成代码文件		
	Translate	编译当前文件		
	Stop Build	停止生成应用项目		
	Flash Download	将代码写到单片机的 FLASH 中		

续表

主菜单	子菜单	功能说明	图标	快捷键
Debug	Start/Stop Debug Session	进入/退出调试状态		[Ctrl] + [F5]
	Go	全速运行程序，碰到断点后停止运行		[F5]
	Step	单步执行程序，可进入子程序		[F11]
	Step over	单步执行程序，跳过子程序或函数		[F10]
	Step out of Current function	程序执行到当前函数的结束		[Ctrl] + [F11]
	Run to Cursor line	程序执行到光标所在行		[Ctrl] + [F10]
	Stop Running	停止运行程序		[ESC]
	Breakpoints	打开断点对话框		
	Insert/Remove Breakpoint	设置/取消当前行断点		
	Enable/Disable Breakpoint	启用/禁用当前行的断点		
	Disable All Breakpoints	禁用所有断点		
	Kill All Breakpoints	清除所有断点		
	Show Next Statement	显示下一条执行的语句/指令		
	Enable/Disable Trace Recording	启用/禁用程序运行轨迹的标识		
	View Trace Records	显示运行过的指令		
	Memory Map	打开存储器空间配置对话框		
	Performance Analyzer	打开性能分析器的设置对话框		
	Inline Assembly	对某一行进行重新汇编，可以修改汇编代码		
	Function Editor	编辑调试函数和调试配置文件		
Flash	Download	将代码写到单片机的 FLASH 中		
	Erase	擦除单片机的 FLASH		
Peripherals	Reset CPU	复位 CPU		
	Interrupt	设置/观察中断（触发方式、优先级、使能等）		
	I/O - Ports	I/O 端口		
	Serial	观察串行口		
	Timer	观察定时器		
Tool	Setup PC - Lint	配置 PC - Lint 程序		
	Lint	用 PC - Lint 程序处理当前编辑的文件		
	Lint All CSource Files	用 PC - Lint 程序处理项目中所有的 C 源代码文件		
	Setup Easy - Case	配置 Siemens 的 Easy - Case 程序		

续表

主菜单	子菜单	功能说明	图标	快捷键
Tool	Star/Stop Easy - Case	启动或停止 Siemens 的 Easy - Case 程序		
	Show File（Line）	用 Easy - Case 处理当前编辑的文件		
	Customize Tools Menu	自定义工具菜单		
SVSC	Configure Version Control	配置软件版本控制系统的命令		
Window	Cascade	以相互重叠的方式排列文件窗口		
	Tile Horizontally	以不相互重叠的方式水平排列文件窗口		
	Tile Vertically	以不相互重叠的方式垂直排列文件窗口		
	Arrange Icons	排列主框架底部的图标		
	Split	将当前的文件窗口分成几个		
	Close All	关闭所有窗口		
Help	Vision Help	打开在线帮助		
	Open Books Window	打开电子图书窗口		
	Simulated Peripherals for…	显示片内外设信息		
	Internet Support Knowledegebase	打开互联网支持的知识库		
	Contact Support	联系方式支持		
	Check for Update	检查更新		
	About Vision	显示版本信息和许可证信息		

附表 2　工具栏

图标	提示	功能说明
	New	创建一个新的空白文件
	Open	打开一个已存在的文件
	Save	保存当前打开的文件
	Save all	保存所有打开的文件
	Cut	剪切选定的文本到剪贴板
	Copy	复制选定的文本到剪贴板
	Paste	粘贴剪贴板的文本
	Undo	取消上次操作
	Redo	恢复上次操作

续表

图标	提示	功能说明
	Indent	将所选定的内容右移一个制表符
	Unindent	将所选定的内容左移一个制表符
	Toggle Bookmark	设置/取消当前行的标签
	Next Bookmark	光标移动到下一个标签
	Previous Bookmark	光标移动到上一个标签
	Clear All Bookmark	清除当前文件的所有标签
	Find in Files	在多个文件中查找
	Find	在当前文件中查找
	Source Browser	打开资源浏览器窗口
	Print	打印当前文件
	Start/Stop Debug Session	进入或退出调试状态
	Project Window	项目管理区
	Output Window	输出信息窗口
	Insert/Remove Breakpoint	设置/取消当前行断点
	Kill All Breakpoints	清除所有断点
	Enable/Disable Breakpoint	启用/禁用当前行的断点
	Disable All Breakpoints	禁用所有断点
	Translate current file	编译当前文件
	Build Target	编译文件并生成代码文件
	Rebuild all target files	重新编译所有文件并生成代码文件
	Stop Build	停止编译当前项目
LOAD	Download	将代码写到单片机的 FLASH 中
	Options	设置对象组成文件的工具选项
RST	Reset CPU	复位 CPU
	Run	运行程序，直到遇到一个中断
	Stop Running	停止程序运行
	Step into	单步执行程序，可进入子程序
	Step over	单步执行程序，跳过子程序或函数

续表

图标	提示	功能说明
	Step out	执行到当前函数的结束
	Run to Cursor line	程序执行到光标所在行
	Show Next	显示下一条执行的指令
	Enable/Disable	启用/禁用程序运行轨迹的标识
	View Trace Records	显示运行过的指令
	Disassembly Window	反汇编窗口
	Watch & Call Stack Window	观察和堆栈窗口
	Code Coverage Window	代码覆盖窗口
	Serial Window #1	串口 1 窗口
	Memory Window	存储器窗口
	Performance Analyzer Window	性能分析窗口
	Toolbox	自定义工具条

附录二

综合实训题目

1. LCD 显示的电子时钟

设计一个以 AT89C51 单片机为核心的电子时钟，在 LCD 显示器上显示当前的时间。有如下三点要求：

（1）使用字符型 LCD 显示器显示当前时间，显示格式为“时：分：秒”。

（2）用 4 个功能键操作来设置当前时间。功能键 K1 ~ K4 的功能分别是：K1——进入时间设置；K2——设置小时；K3——设置分钟；K4——确认完成设置。

（3）程序执行后工作指示灯 LED 闪动，表示程序开始执行，LCD 显示器上显示“00：00：00”，然后开始计时。

2. 汽车防撞系统

设计具有以下功能的汽车防撞系统：

（1）利用微处理器对行车信息进行实时采集、处理，根据跟车模型产生声光报警信号及紧急制动信号。

（2）根据汽车制动原理，设计合适的紧急制动机构。

（3）系统具有较强的抗电磁干扰能力和较高的可靠性。

（4）能够自动发现可能与汽车发生碰撞的车辆、行人或其他障碍物体，发出警报同时采取制动或规避等措施，以避免发生碰撞。

3. 电子琴

设计一台电子琴，以 AT89C51 单片机作为主控核心，与键盘、扬声器等模块组成核心主控制模块，在主控制模块上设有 7 个音符按键、1 个功能键和 1 个复位按键。本设计的电子琴有以下要求：

（1）用键盘作为电子琴的按键，共 7 个，代表 Do、Re 等 7 个音符，各音符按照符合电子琴的按键顺序排列。

（2）达到电子琴的基本功能，可以弹奏出简单的乐曲。

（3）不弹奏时，利用功能键可以播放内置音乐。

（4）按下复位键声音停止。

4. 单词记忆测试器设计

设计一个以单片机为核心的单词记忆测试器，功能如下：

（1）实现单词的录入（为使程序具有可演示性，单词不少于10个）。

（2）单词用按键控制依次在屏幕上显示，通过对比录入的单词与词库中的单词，确定录入的正确单词个数，也可以直接进入下一个或者上一个单词。

（3）单词输完后给出正确率。

5. 智能电子钟（LCD显示）

以AT89C51单片机为核心，制作一个LCD显示的智能电子钟，要求如下：

（1）计时：秒、分、时、天、周、月、年。

（2）闰年自动判别。

（3）5路定时输出，可任意关断（最大可到16路）。

（4）时间、月、日交替显示。

（5）自定任意时刻自动开/关屏。

（6）计时精度：误差≤1 s/min（具有微调设置）。

（7）键盘采用动态扫描的方式查询，所有的查询、设置功能均由功能键K1、K2完成。

6. 秒表

以AT89C51单片机为核心设计一个秒表，要求如下：

（1）显示时间范围是0～99 s。

（2）随时间增加，每秒自动加1。

（3）设计“开始”键和“复位”键。

7. 定时闹钟

以AT89C51单片机为核心，结合字符型LCD显示器设计一个简易的定时闹钟，若LCD显示器选择有背光显示的模块，则在夜晚或黑暗的场合中也可使用。该定时闹钟有如下基本功能：

（1）显示格式为“时：分”。

（2）以LED灯闪动来作为秒计数的表示。

（3）一旦时间到则发出声响，同时继电器启动，可以扩充到控制家电开启和关闭。

（4）程序执行后工作指示LED灯闪动，表示程序开始执行，LCD显示器显示“00：00”。

（5）操作键K1～K4的功能分别是：K1——设置现在的时间；K2——显示闹钟设置的时间；K3——设置闹铃的时间；K4——闹铃ON/OFF的状态设置，设置为ON时连续3次发出“滴”的一声，设置为OFF时发出“滴”的一声。

8. 音乐倒数计数器

以AT89C51单片机为核心，结合字符型LCD显示器设计一个简易的倒数计数器，用来作一小段时间倒计时，当倒计时结束时，就发出一段音乐声响，通知倒计数终止。该定时闹钟的基本功能如下：

（1）显示格式为“分：秒”。

（2）用 4 个按键操作来设置倒计时的时间，4 个按键分别是：K1——可调整倒计数的时间范围为 1～60 min；K2——设置倒计数的时间为 5 min，显示“05：00”；K3——设置倒计数的时间为 10 min，显示“10：00”；K4——设置倒计数的时间为 20 min，显示“20：00”。

（3）复位后 LCD 显示器的画面应能显示倒计时的时间，此时按 K1 键则在 LCD 显示器上显示出设置画面，按 K2 键增加倒计数的时间 1 min，按 K3 键减少倒计数的时间 1 min，按 K4 键设置完成。

9. 数字频率计

设计一个以 STC80C51 单片机为核心的频率测量装置。利用单片机的定时器/计数器的定时和计数功能，外部扩展 6 位 LED 数码管，要求累计每秒进入单片机的外部脉冲个数，用 LED 数码管显示出来。

（1）若被测频率 $f_x<110$ Hz，则采用测周法，显示频率的格式为“×××. ×××”；若被测频率 $f_x>110$ Hz，则采用测频法，显示频率的格式为“××××××”。

（2）利用键盘分段测量和自动分段测量。

（3）完成单脉冲测量，输入脉冲宽度范围是 100 μs～0. 1 s。

（4）显示脉冲宽度要求如下：

若 $T_x<1\,000$ μs，显示脉冲宽度的格式为“×××”；

若 $T_x>1\,000$ μs，显示脉冲宽度的格式为“××××”。

10. 直流调速系统设计

进行单闭环直流调速系统和双闭环直流调速系统的设计与仿真，设计要求如下：

（1）主回路设计。电气设备参数的计算和选择：

①整流变压器的计算；

②晶闸管整流元件：定额电压及定额电流的计算；

③系统保护环节的设计：快速熔断器的计算选择。

（2）控制回路选择：检测元件、调节器的设计。

（3）绘制调速系统的电器原理图。

（4）软件程序设计：利用软件编写相关程序。

（5）写出具体的仿真方法、结果、分析，并附上仿真图，给出系统分别在阶跃给定和突加负载的情况下的系统响应仿真曲线及性能分析。

（6）详细列出所需设备及元器件的型号、数量。

11. 水箱液位控制系统设计

水箱液位控制方案的设计及监控软件的应用内容如下：

(1) 系统方案的设计。

(2) 控制方案的设计：①确定被控过程的数学模型；②确定被控参数和控制变量；③液位检测及仪表选型；④调节阀的选择、作用方式的选择及选型；⑤确定控制器的作用方式；⑥控制规律的选择及参数整定。

(3) 利用软件编写相关程序进行监控。

(4) 写出具体的仿真方法、结果、分析，并附上仿真图。

(5) 详细列出所需设备及元器件的型号、数量。

12. 锅炉温度控制系统设计

锅炉温度控制方案的设计及监控软件的应用内容如下：

(1) 系统方案的设计。

(2) 控制方案的设计：①确定被控过程的数学模型；②确定被控参数和控制变量；③温度检测及仪表选型；④调节阀的选择、作用方式的选择及选型；⑤确定控制器的作用方式；⑥控制规律的选择及参数整定。

(3) 利用软件编写相关程序进行监控。

(4) 写出具体的仿真方法、结果、分析，并附上仿真图。

(5) 详细列出所需设备及元器件的型号、数量。

13. 高炉压力控制系统设计

压力温度控制方案的设计及监控软件的应用内容如下：

(1) 系统方案的设计。

(2) 控制方案的设计：①确定被控过程的数学模型；②确定被控参数和控制变量；③压力检测及仪表选型；④调节阀的选择、作用方式的选择及选型；⑤确定控制器的作用方式；⑥控制规律的选择及参数整定。

(3) 利用软件编写相关程序进行监控。

(4) 写出具体的仿真方法、结果、分析，并附上仿真图。

(5) 详细列出所需设备及元器件的型号、数量。

14. 基于单片机的压力测试系统设计

压力检测方案的设计及监控软件的应用内容如下：

(1) 系统方案的设计：结构方框图及其说明。

(2) 控制方案的设计：①确定被控过程的数学模型；②确定控制方式及其方案；③压力检测及运用设备选型；④控制运行说明；⑤整定调试。

(3) 利用软件编写相关程序进行监控。

(4) 写出具体的仿真方法、结果、分析，并附上仿真图。

(5) 详细列出所需设备及元器件的型号、数量。

15. 基于单片机的温度测试系统设计

温度检测方案的设计及监控软件的应用内容如下：

（1）系统方案的设计：结构方框图及其说明。

（2）控制方案的设计：①确定被控过程的数学模型；②确定控制方式及其方案；③压力检测及运用设备选型；④控制运行说明；⑤整定调试。

（3）利用软件编写相关程序进行监控。

（4）写出具体的仿真方法、结果、分析，并附上仿真图。

（5）要求详细列出所需设备及元器件的型号、数量。

16. 基于单片机的电功率测试系统设计

电功率检测方案的设计及监控软件的应用内容如下：

（1）系统方案的设计：结构方框图及其说明。

（2）控制方案的设计：①确定被控过程的数学模型；②确定控制方式及其方案；③电功率检测及运用设备选型；④控制运行说明；⑤整定调试。

（3）利用软件编写相关程序进行监控。

（4）写出具体的仿真方法、结果、分析，并附上仿真图。

（5）要求详细列出所需设备及元器件的型号、数量。

17. 基于单片机的位置测试系统设计

位置检测方案的设计及监控软件的应用内容如下：

（1）系统方案的设计：结构方框图及其说明。

（2）控制方案的设计：①确定被控过程的数学模型；②确定控制方式及其方案；③位置检测及运用设备选型；④控制运行说明；⑤整定调试。

（3）利用软件编写相关程序进行监控。

（4）写出具体的仿真方法、结果、分析，并附上仿真图。

（5）要求详细列出所需设备及元器件的型号、数量。

18. 基于单片机的物料量测试系统设计

物料检测方案的设计及监控软件的应用内容如下：

（1）系统方案的设计：结构方框图及其说明。

（2）控制方案的设计：①确定被控过程的数学模型；②确定控制方式及其方案；③物料量检测及运用设备选型；④控制运行说明；⑤整定调试。

（3）利用软件编写相关程序进行监控。

（4）写出具体的仿真方法、结果、分析，并附上仿真图。

（5）详细列出所需设备及元器件的型号、数量。

19. 基于单片机的电压测试系统设计

电压检测方案的设计及监控软件的应用内容如下：

（1）系统方案的设计：结构方框图及其说明。

（2）控制方案的设计：①确定被控过程的数学模型；②确定控制方式及其方案；③压

力检测及运用设备选型；④控制运行说明；⑤整定调试。

（3）利用软件编写相关程序进行监控。

（4）写出具体的仿真方法、结果、分析，并附上仿真图。

（5）详细列出所需设备及元器件的型号、数量。

20. 全自动洗衣机单片机控制设计

通过对洗衣机进出水时间、洗涤流程及电镀生产线中物块侵入不同溶液的时间、方式、先后顺序的控制，掌握多点单片机控制系统的综合应用能力。

（1）系统方案的设计：结构方框图及其说明。

（2）控制方案的设计：①确定被控过程系统流程；②确定控制方式及其方案；③参数量检测及运用设备选型；④控制运行说明；⑤整定调试。

（3）利用软件编写相关程序进行监控。

（4）写出具体的仿真方法、结果、分析，并附上仿真图。

（5）要求详细列出所需设备及元器件的型号、数量。

21. 基于单片机的自动售货机设计

通过对用户投币数目的识别和自动售货机中各种“货物”的进出控制，掌握各种计数器指令及比较输出指令的编写方法。

（1）系统方案的设计：结构方框图及其说明。

（2）控制方案的设计：①确定被控过程系统流程；②确定控制方式及其方案；③参数量检测及运用设备选型；④控制运行说明；⑤整定调试。

（3）利用软件编写相关程序进行监控。

（4）写出具体的仿真方法、结果、分析，并附上仿真图。

（5）要求详细列出所需设备及元器件的型号、数量。

22. 自动送料装车的控制设计

通过对传送带启停、传送状态的控制和对货物在自动送料装车系统中流向、流量的控制，掌握较复杂逻辑控制指令的编写方法。

（1）系统方案的设计：结构方框图及其说明。

（2）控制方案的设计：①确定被控过程系统流程；②确定控制方式及其方案；③参数量检测及运用设备选型；④控制运行说明；⑤整定调试。

（3）利用软件编写相关程序进行监控。

（4）写出具体的仿真方法、结果、分析，并附上仿真图。

（5）详细列出所需设备及元器件的型号、数量。

23. 数字电压表设计

以单片机为核心，采用 ADC0809 转换器，设计一个数字电压表，要求如下：

（1）采用中断方式，对 2 路 0 ~ 5 V 的模拟电压进行循环采集，用 LED 显示。

（2）声光报警（将1.25 V和2.5 V作为两路输入的报警值，当采集电压超过这一数值时，出现二极管闪烁和蜂鸣器发声的现象。

24. 可编程作息时间控制器设计

设计一个以单片机为核心的可编程作息时间控制器。要求按照给定的时间模拟控制，实现广播、上下课打铃、灯光控制（屏幕显示）的功能，同时具备日期和时钟显示功能。

25. 节日彩灯控制器设计

以AT89C51单片机为核心，设计一个节日彩灯控制器，要求如下：

（1）彩灯由8个LED流水灯模拟。

（2）采用4个独立按键来控制彩灯的功能，按键1——开始，按此键则灯开始流动（由上而下）；按键2——停止，按此键则灯停止流动，所有灯为暗；按键3——上，按此键则灯由上向下流动；按键4——下，按此键则灯由下向上流动。

（3）LED流水灯采用共阳极接法，依次向连接LED单片机的I/O口送出低电平。

26. 数字音乐盒设计

以AT89C51单片机为核心，设计一个数字音乐盒，要求如下：

（1）利用I/O口产生一定频率的方波，驱动蜂鸣器发出不同的音调，从而演奏乐曲（最少3首乐曲，每首不少于30 s）。

（2）采用LCD显示器显示信息。开机时有英文欢迎提示字符，播放时显示歌曲序号（或名称）。

（3）通过功能键进行乐曲选择、暂停、播放。

27. 单片机控制步进电机设计

采用AT89C51单片机控制一个三相单三拍的步进电机工作，要求如下：

（1）步进电机的旋转方向由正反转控制信号控制。

（2）步进电机的步数由键盘输入，可输入的步数分别为3、6、9、12、15、18、21、24和27步，且键盘具有键盘锁功能，当键盘上锁时，步进电机不接受输入步数，也不会运转。只有当键盘锁打开并输入步数时，步进电机才开始工作。

（3）步进电机运转的时候有正转和反转指示灯指示。

（4）步进电机在运转过程中，如果过热，则电机停止运转，同时红色指示灯亮，警报响。

28. 单片机控制直流电机设计

以AT89C51单片机为核心，设计一个控制直流电机并测量转速的装置，要求如下：

（1）单片机扩展有A/D转换芯片ADC0809和D/A转换芯片DAC0832。

（2）通过改变A/D输入端可变电阻来改变A/D的输入电压、D/A输入检测量大小，进而改变直流电机的转速。

（3）手动控制。在键盘上设置 2 个按键（直流电动机加速键和减速键），在手动状态下，每按一次键，电机的转速按照约定的速率改变。

29. 8 位竞赛抢答器设计

以 AT89C51 单片机为核心，设计一个 8 位竞赛抢答器，要求如下：

（1）8 名参赛选手，分别用 8 个按钮 S0 ~ S7 表示。

（2）设置一个系统清除和抢答控制开关 S，开关由裁判控制。

（3）抢答器具有锁存与显示功能，即选手按按钮，锁存相应的编号，并且将优先抢答选手的编号一直保持到裁判将系统清除为止。

（4）抢答器具有定时抢答功能，且一次抢答的时间由裁判设定（如 30 s）。

30. 烟雾探测报警器设计

以 AT89C51 单片机为核心，设计一个烟雾探测报警器，可以对房间的烟雾浓度进行检测，如果超过设定浓度，可以进行声、光报警，要求如下：

（1）烟雾传感器选用 MQ 系列气体传感器。

（2）烟雾传感器输出信号经 ADC0832 进行 A/D 转换后送入单片机。

（3）根据采集浓度进行必要的声、光报警（报警指示灯和蜂鸣器报警电路）。

（4）采用 LCD1602 显示器实时显示烟雾浓度值。

（5）按键有 S1 ~ S4 共 4 个。其中按键 S1 为报警值设定选择键，按键 S2 为报警值加 1 键，按键 S3 为报警值减 1 键，按键 S4 为报警功能开关键。

31. 太阳能热水器水温水位控制器设计

以 AT89C52 单片机为核心，设计一个太阳能热水器水温水位控制器，要求如下：

（1）分别对水温和水位进行检测并采用数码管显示。

（2）设定温度范围为 25 ~ 65℃，如果温度低于 25℃，则启动电加热功能。

（3）水位分为四档，低于最低档水位时，打开进水阀；到最高档水位时，发出声音报警并关闭进水阀。

32. 风、光、雨检测系统设计

以 AT89C51 单片机为核心，设计一个风、光、雨检测系统，要求如下：

（1）采用合理的传感器，对风速、光照强度和雨量进行实时检测，当检测值大于设置的上限值时能够进行报警。

（2）风速、光照强度和雨量检测值与设置的上限值能够进行实时显示。

（3）按键有 S1 ~ S3 共 3 个。其中按键 S1 为功能选择键，按键 S2 为加 1 键，按键 S3 为减 1 键。

附录三

单片机开发实验系统

单片机开发实验系统兼容 STC、SST、Atmel 等 51 家族的单片机，主要采用 STC 系列单片机。该系统面板外层结构如附图 3－1 所示，内层结构如附图 3－2 所示。

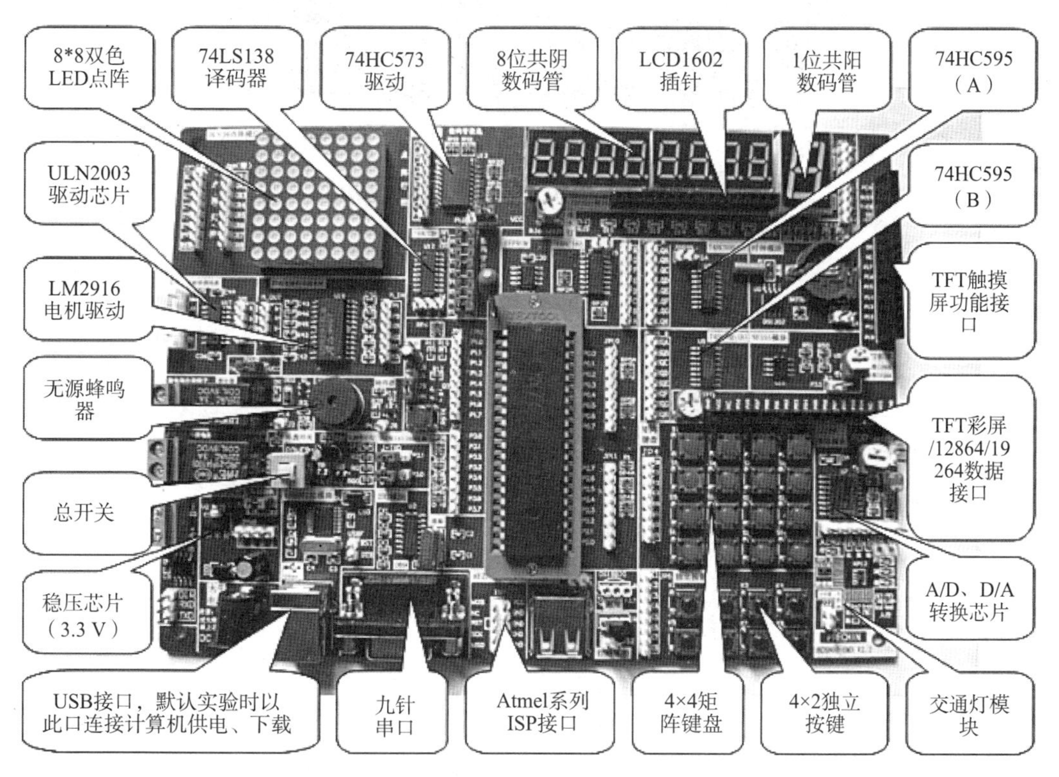

附图 3－1　单片机开发实验系统外层结构图

该单片机开发实验系统的部分硬件设备介绍如下：

（1）8×8 双色 LED 点阵，即红色、绿色 LED 点阵，其引脚如附图 3－3 所示。

（2）74LS138 为 3 线－8 线译码器，共有 54LS138 和 74LS138 两种线路结构型式。54LS138 为军用，74LS138 为民用。74LS138 译码器原理图如附图 3－4 所示。

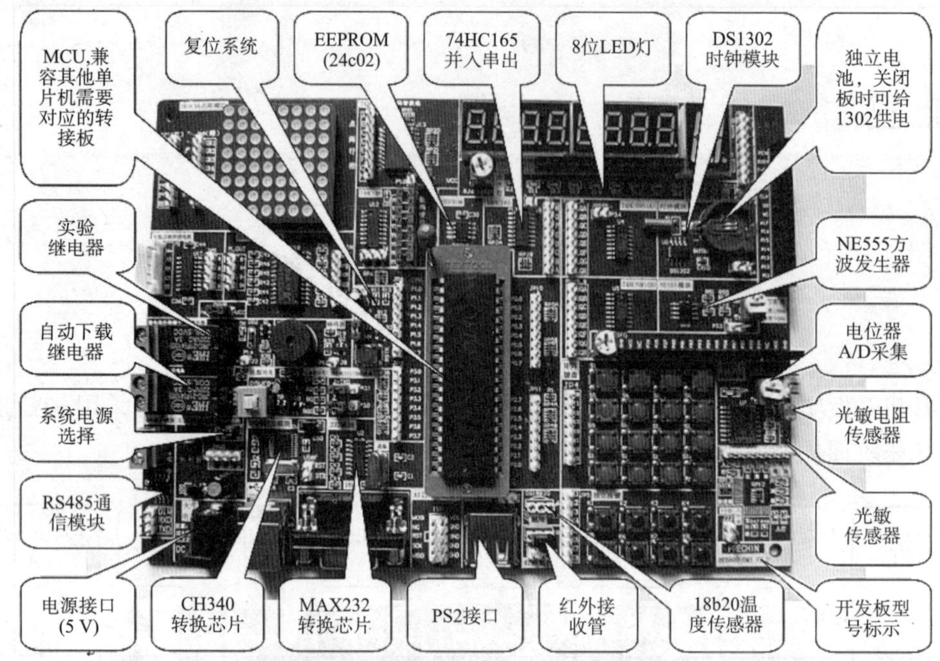

附图 3－2　单片机开发实验系统内层结构图

J17	引脚
GR1	1
RE1	2
DPa	3
GR2	4
RE2	5
DPb	6
GR3	7
RE3	8
DPe	9
GR4	10
RE4	11
DPd	12

J18	引脚
GR5	1
RE5	2
DPe	3
GR6	4
RE6	5
DPf	6
GR7	7
RE7	8
DPg	9
GR8	10
RE8	11
DPh	12

J19	引脚
GR1	1
GR2	2
GR3	3
GR4	4
GR5	5
GR6	6
GR7	7
GR8	8

J20	引脚
RE1	1
RE2	2
RE3	3
RE4	4
RE5	5
RE6	6
RE7	7
RE8	8

附图 3－3　8 × 8 双色点阵原理图

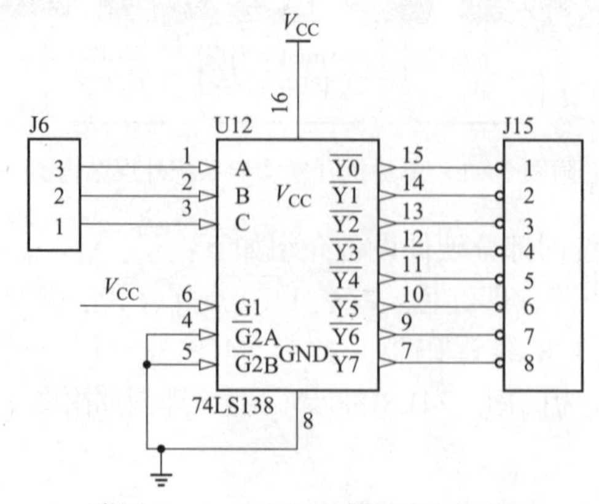

附图 3－4　74LS138 译码器原理图

（3）共阴极数码管是把所有 LED 的阴极连接到共同接点 COM，而每个 LED 的阳极分别为 a、b、c、d、e、f、g 及 dp（小数点），如附图 3－5 所示，通过控制各个 LED 的亮灭来显示数字。

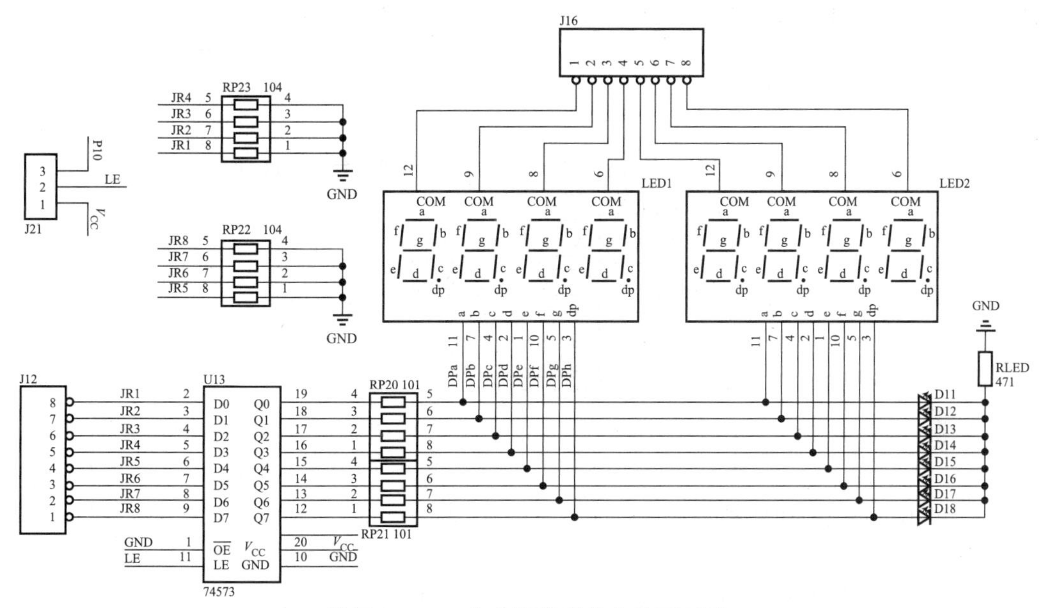

附图 3－5　8 位共阴数码管电路原理图

（4）LCD1602 是一种工业字符型液晶，能够同时显示 16×02 即 32 个字符。LCD1602 液晶显示的原理是利用液晶的物理特性，通过电压对其显示区域进行控制，即可以显示出图形，其电路原理如附图 3－6 所示。

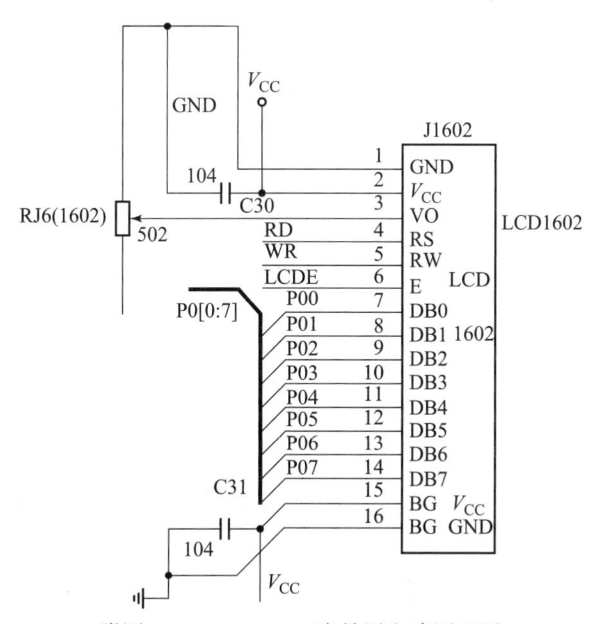

附图 3－6　LCD1602 液晶屏电路原理图

(5) 1位静态显示数码管是由多个发光二极管封装在一起组成的“8”字型器件，引线已在内部连接完成，只需引出它们的各个笔画、公共电极。数码管实际上是由7个发光管组成“8”字形构成的，加上小数点就是8个。这些段分别由字母a，b，c，d，e，f，g，dp来表示，其电路原理图如附图3-7所示。

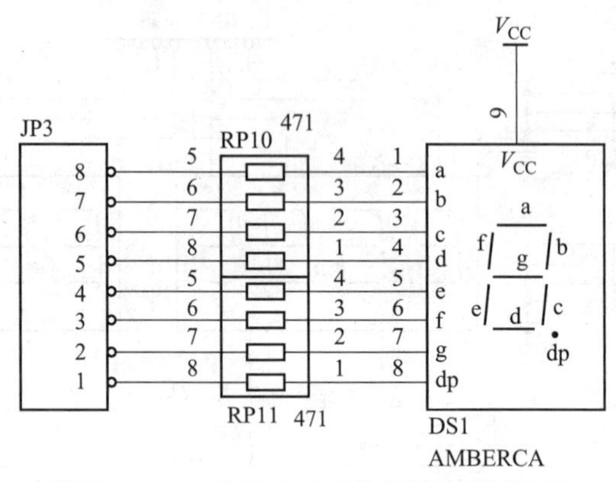

附图3-7　1位静态显示数码管电路原理图

(6) 74HC595是一个8位串行输入、并行输出的位移缓存器。在SCK的上升沿，串行数据由SDL输入到内部的8位位移缓存器，而并行输出则是在LCK的上升沿将在8位位移缓存器的数据存入到8位并行输出缓存器。当串行数据输入端OE的控制信号为低使能时，并行输出端的输出值等于并行输出缓存器所存储的值，其电路原理图如附图3-8所示。

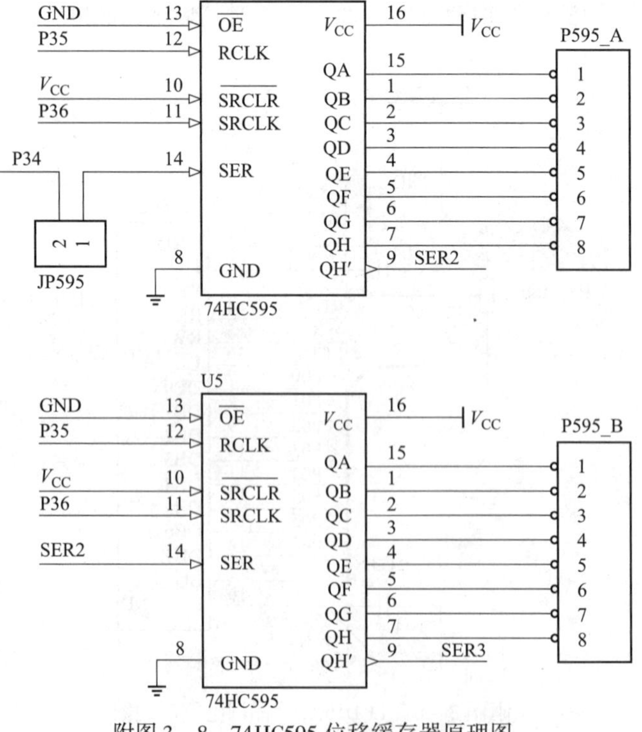

附图3-8　74HC595位移缓存器原理图

（7）TFT 彩屏/12864/19264 数据接口。TFT 式显示屏是各类笔记本式计算机和台式计算机上的主流显示设备，该类显示屏上的每个液晶像素点都是由集成在像素点后面的薄膜晶体管来驱动，因此 TFT 式显示屏也是一类有源矩阵液晶显示设备。12864 液晶是 128 × 64 点阵液晶模块的点阵数简称。同理，19264 是 192 × 64 点阵液晶模块的点阵数简称。TFT 彩屏/12864/19264 数据接口的电路原理如附图 3 - 9 所示。

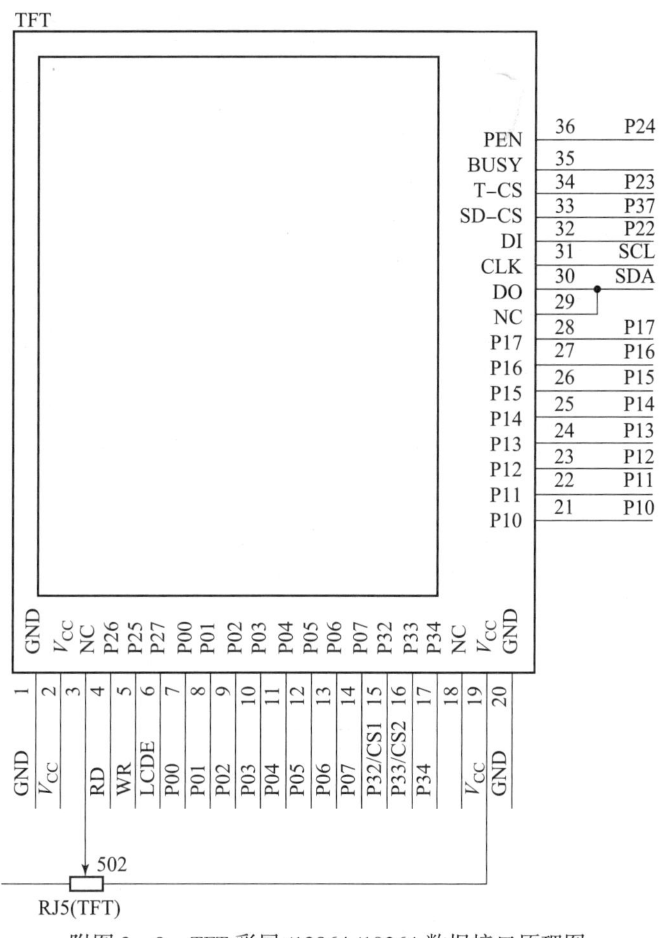

附图 3 - 9　TFT 彩屏/12864/19264 数据接口原理图

（8）热敏光敏的 A/D、D/A 转换。A/D 转换即模数转换，也就是模拟信号转换成数字信号，D/A 转换即数模转换，也就是数字信号转换成模拟信号。A/D 转换器即模数转换器，通常是指将模拟信号转变为数字信号的电子元件。D/A 转换器是将数字量转换为模拟量的电路，主要用于数据传输系统、自动测试设备、医疗信息处理、电视信号的数字化、图像信号的处理和识别、数字通信和语音信息处理等。A/D、D/A 转换芯片原理如附图 3 - 10 所示。

（9）交通灯模块的电路原理如附图 3 - 11 所示。

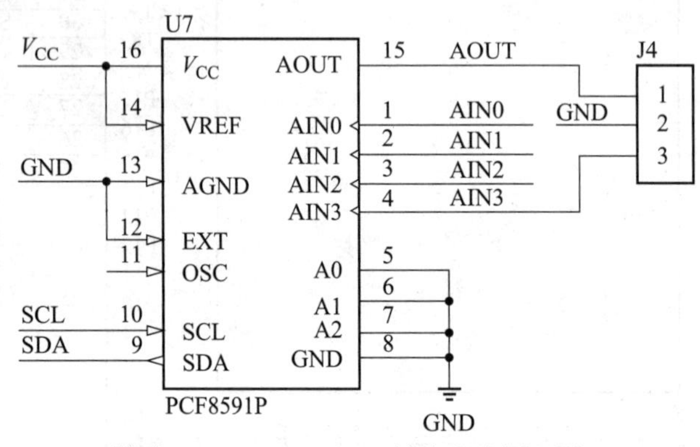

附图 3－10　A/D、D/A 转换芯片原理图

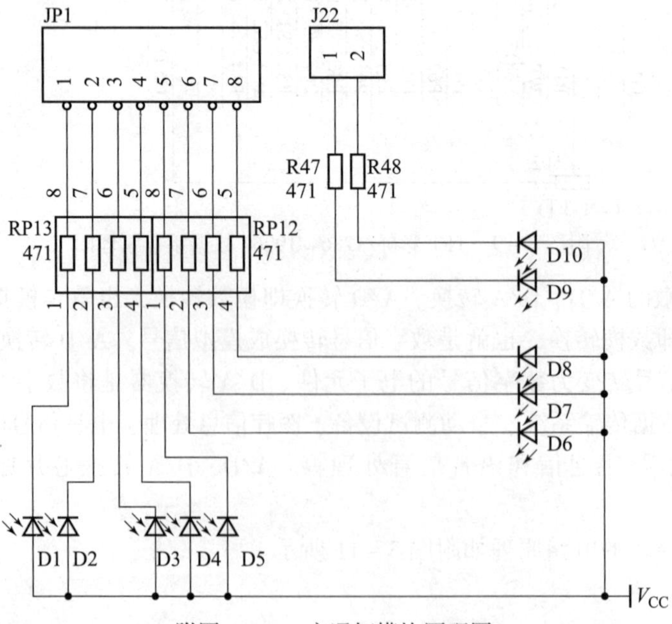

附图 3－11　交通灯模块原理图

（10）4×2 独立按键。在由单片机组成的测控系统及智能化仪器中，用得最多的是独立式键盘。这种键盘具有硬件与软件相对简单的特点，其缺点是按键数量较多时，要占用大量口线。4×2 独立按键的电路原理如附图 3－12 所示。

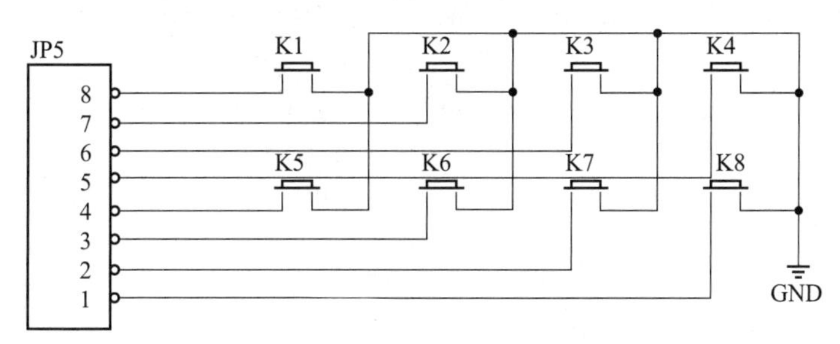

附图 3－12　4×2 独立按键原理图

（11）4×4 矩阵键盘。矩阵键盘是单片机外部设备中所使用的排布类似于矩阵的键盘组。矩阵式结构的键盘显然比直接法要复杂一些，识别也要复杂一些，列线通过电阻接正电源，并将行线所接的单片机的 I/O 口作为输出端，而列线所接的 I/O 口则作为输入。4×4 矩阵键盘的电路原理如附图 3－13 所示。

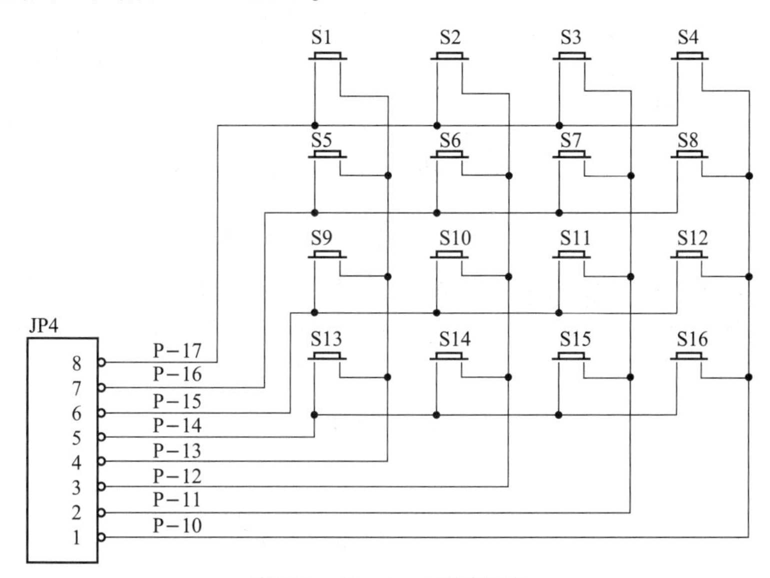

附图 3－13　4×4 矩阵键盘

（12）无源蜂鸣器。无源蜂鸣器利用电磁感应现象，即音圈接入交变电流后形成的电磁铁与永磁铁相吸或相斥而推动振膜发声，接入直流电只能持续推动振膜而无法产生声音，只能在接通或断开时产生声音，其电路原理如附图 3－14 所示。

（13）ULN2003 驱动芯片。步进电机 ULN2003 达林顿管驱动是一种将电脉冲信号转换成角位移或线位移的机电元件。步进电动机的输入量是脉冲序列，输出量则为相应的增量位移或步进运动。正常运动情况下，它每转一周具有固定的步数；做连续步进运动时，其旋转转速与输入脉冲的频率保持严格的对应关系，不受电压波动和负载变化的影响。ULN2003 的电路原理如附图 3－15 所示。

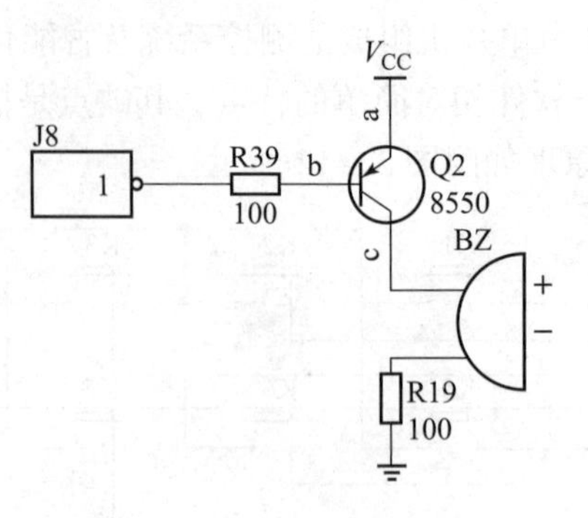

附图 3－14　无源蜂鸣器

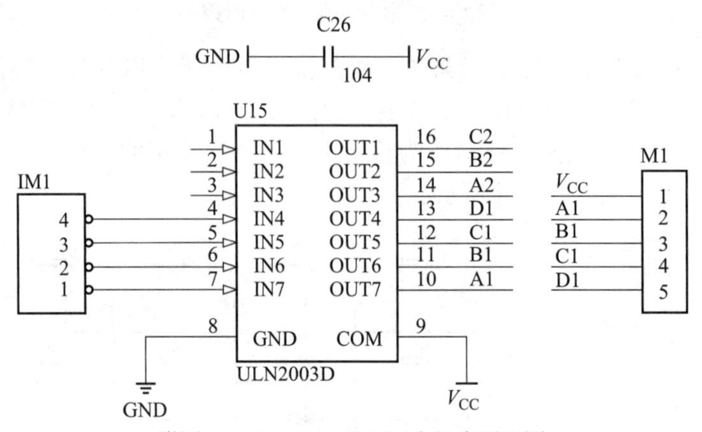

附图 3－15　ULN2003 驱动芯片原理图

（14）复位电路。复位电路是一种用来使电路恢复到起始状态的电路设备，就像计算器的清零按钮的作用一样，以便回到原始状态。复位电路可实现高或低电平复位，其电路原理如附图 3－16 所示。

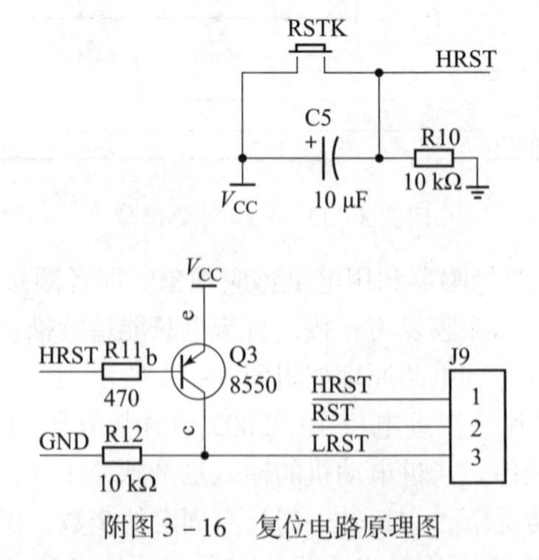

附图 3－16　复位电路原理图

（15）EEPROM（24C16）。EEPROM 是指带电可擦可编程只读存储器，是一种掉电后数据不丢失的存储芯片。EEPROM 可以在计算机上或专用设备上擦除已有信息，其电路原理如附图 3 - 17 所示。

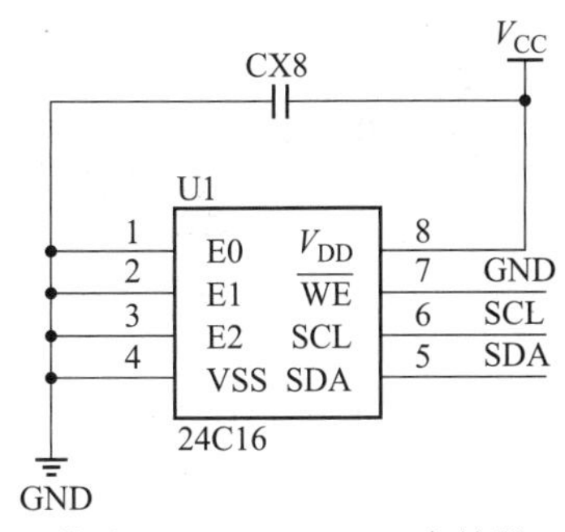

附图 3 - 17　EEPROM 存储器

(16) 74HC165 并入串出。74HC165 即 74LS165 八位移位寄存器，其原理如附图 3 - 18 所示。

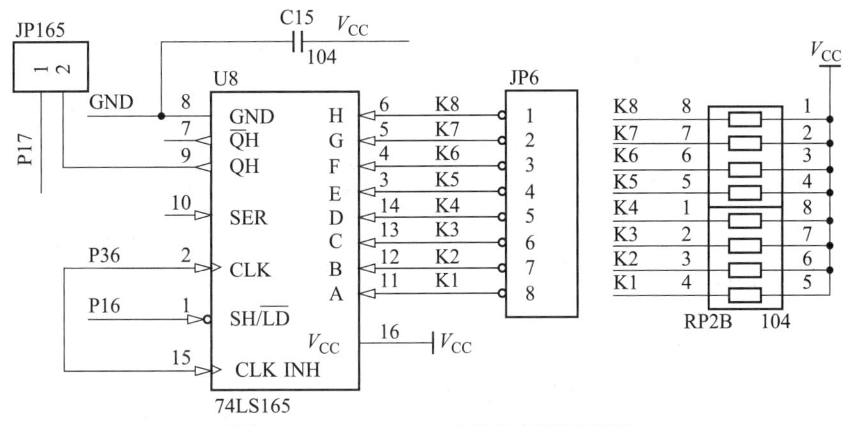

附图 3 - 18　74LS165 移位寄存器原理图

(17) DS1302 时钟模块。DS1302 是由美国 DALLAS 公司推出的具有涓细电流充电能力的低功耗实时时钟芯片。它可以对年、月、日、周、时、分、秒进行计时，且具有闰年补偿等多种功能。DS1302 时钟模块的原理如附图 3 - 19 所示。

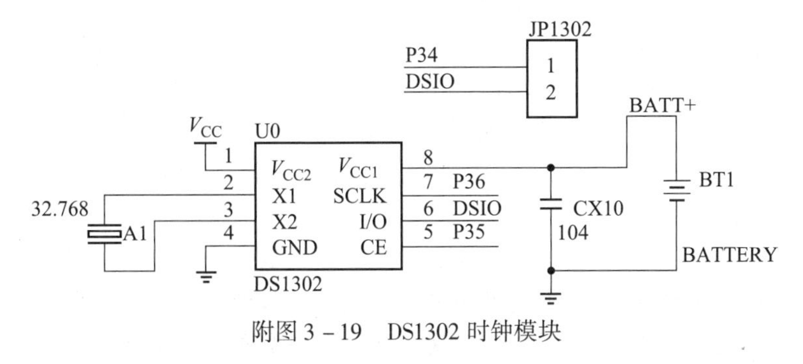

附图 3 - 19　DS1302 时钟模块

(18) 独立电源。独立电源在关闭板时可给 1302 供电，电源电路原理如附图 3 - 20 所示。

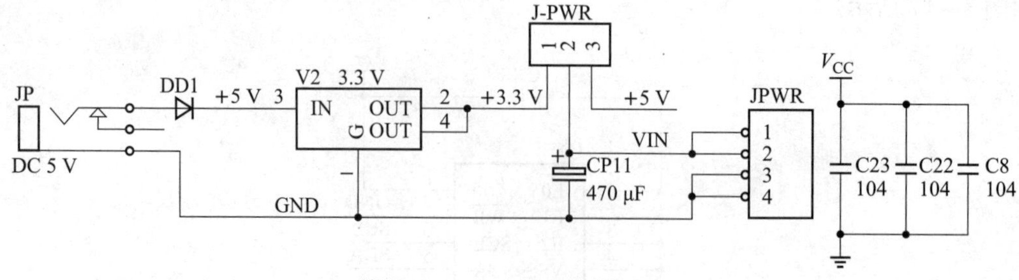

附图 3－20 电源电路原理图

（19）NE555 方波发生器。NE555 为 8 脚时基集成电路，具有体积小、质量轻、稳定可靠、操作电源范围大、输出端的供给电流能力强、计时精确度高、温度稳定度佳且价格便宜等优点，其电路原理如附图 3－21 所示。

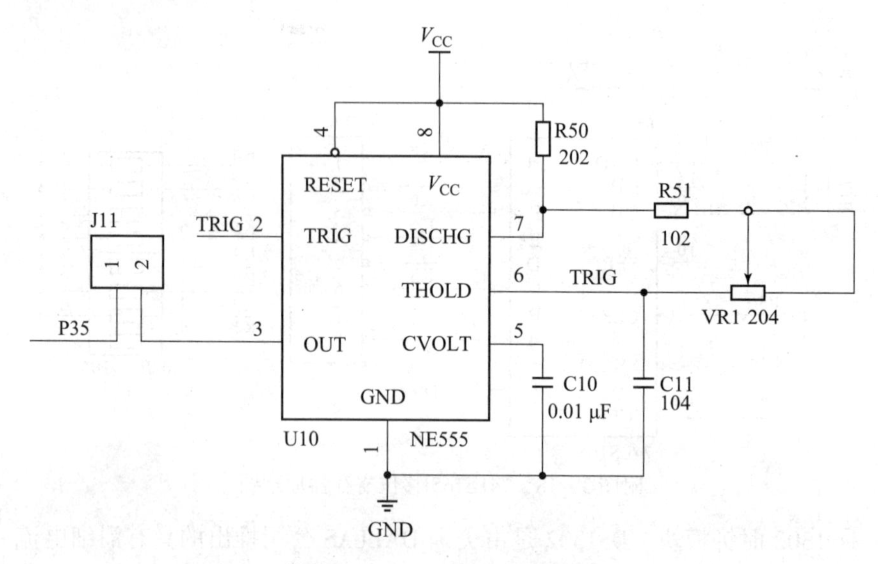

附图 3－21 NE555 方波发生器

（20）温度传感器 DS18B20。DS18B20 是常用的数字温度传感器，其输出的是数字信号，具有体积小、硬件开销低、抗干扰能力强、精度高的特点。DS18B20 数字温度传感器接线方便，封装成后可应用于多种场合，其电路原理如附图 3－22 所示。

（21）红外接收管。红外接收管通常被集成在一个元件中，成为一体化红外接收头。内部电路包括红外监测二极管，放大器，限幅器，带通滤波器，积分电路，比较器等，其电路原理如附图 3－23 所示。

（22）MAX232 转换芯片。MAX232 转换芯片是专为 RS－232 标准串口设计的单电源电平转换芯片，使用 +5 V 单电源供电。该器件由于其低功耗关断模式可以将功耗减小到 5 μW以内，所以特别适合电池供电系统，其电路原理如附图 3－24 所示。

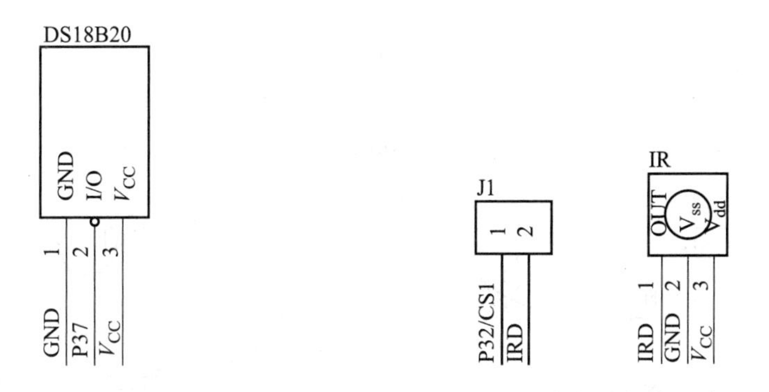

附图 3 - 22　DS18B20 原理图　　　　附图 3 - 23　红外接收管电路原理图

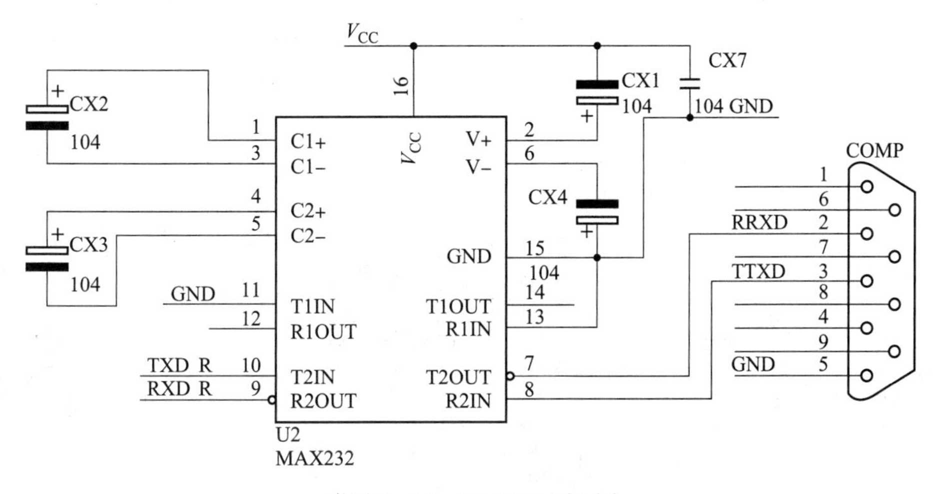

附图 3 - 24　MAX232 原理图

(23) CH340T 转换芯片。CH340T 是一个 USB 总线的转接芯片，可以实现 USB 转串口、USB 转 IrDA 红外或者 USB 转打印口。CH340T 芯片支持 5 V 电源电压或者 3. 3 V 电源电压，其电路原理如附图 3 - 25 所示。

(24) RS485 通信模块。RS485 是一个定义平衡数字多点系统中的驱动器和接收器的电气特性的标准，该标准由电信行业协会和电子工业联盟定义。使用该标准的数字通信网络能在远距离条件下以及电子噪声大的环境下有效传输信号。而 MAX485 接口芯片是 Maxim 公司的一种 RS485 芯片，其电路原理如附图 3 - 26 所示。

(25) 板载继电器。板载继电器就是直接焊装在电路板上的继电器，与普通继电器的工作原理是一样的，其电路原理如附图 3 - 27 所示。

(26) MCU。MCU 是指微控制单元 ，又称单片微型计算机或者单片机，是把中央处理器的频率与规格做适当缩减，并将内存、计数器、USB、A/D 转换、UART、PLC、DMA 等周边接口，甚至 LCD 驱动电路都整合在单一芯片上，形成芯片级的计算机，为不同的应用场合做不同组合，其电路原理如附图 3 - 28 所示。

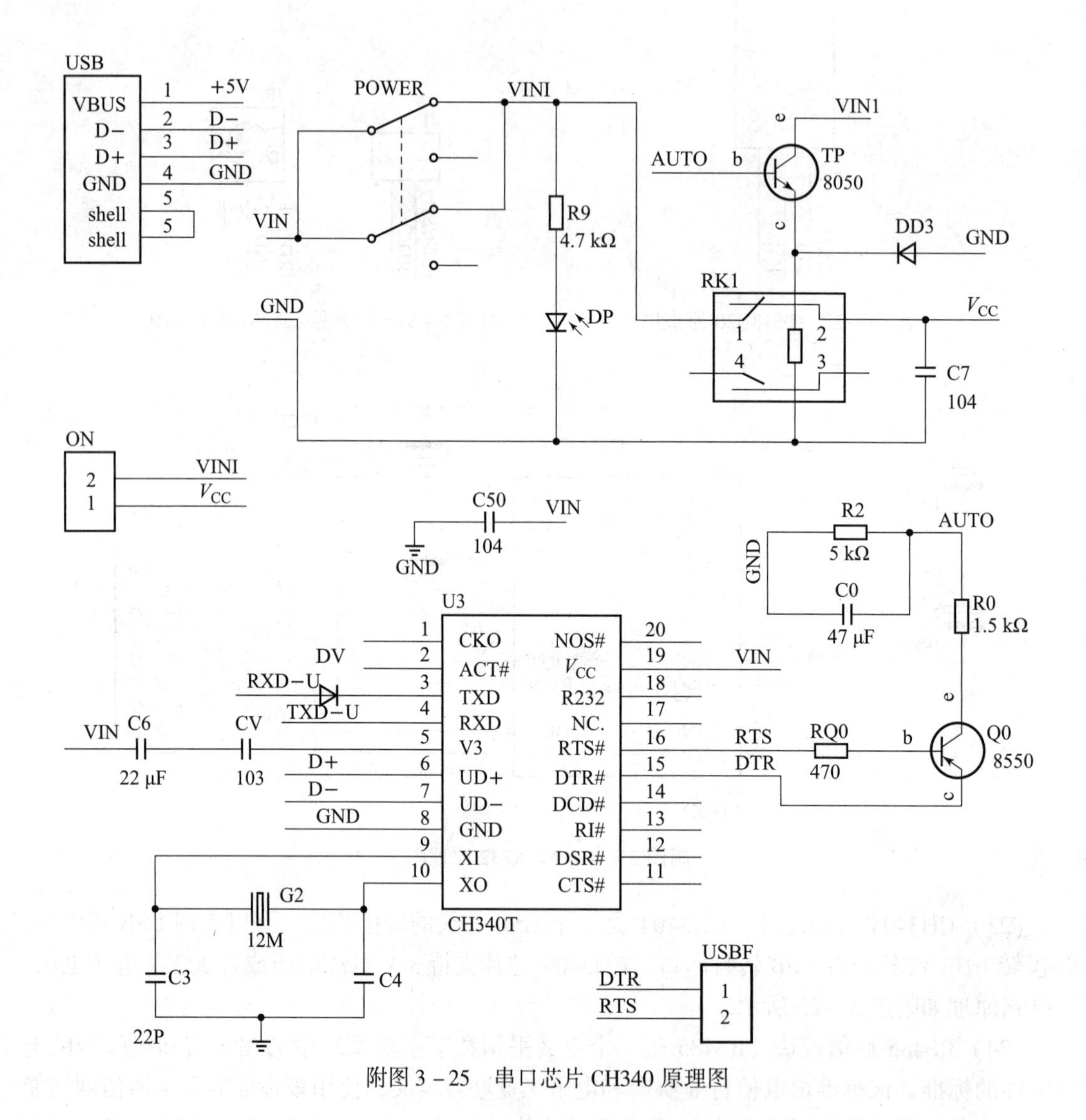

附图 3－25 串口芯片 CH340 原理图

附图 3－26 MAX485 通信模块原理图

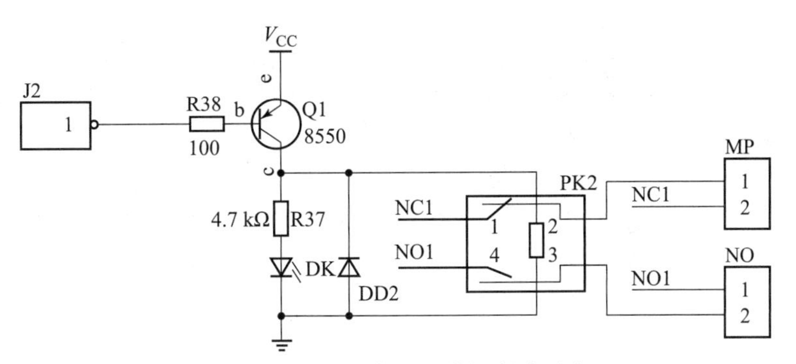

附图 3 - 27　板载继电器电路原理图

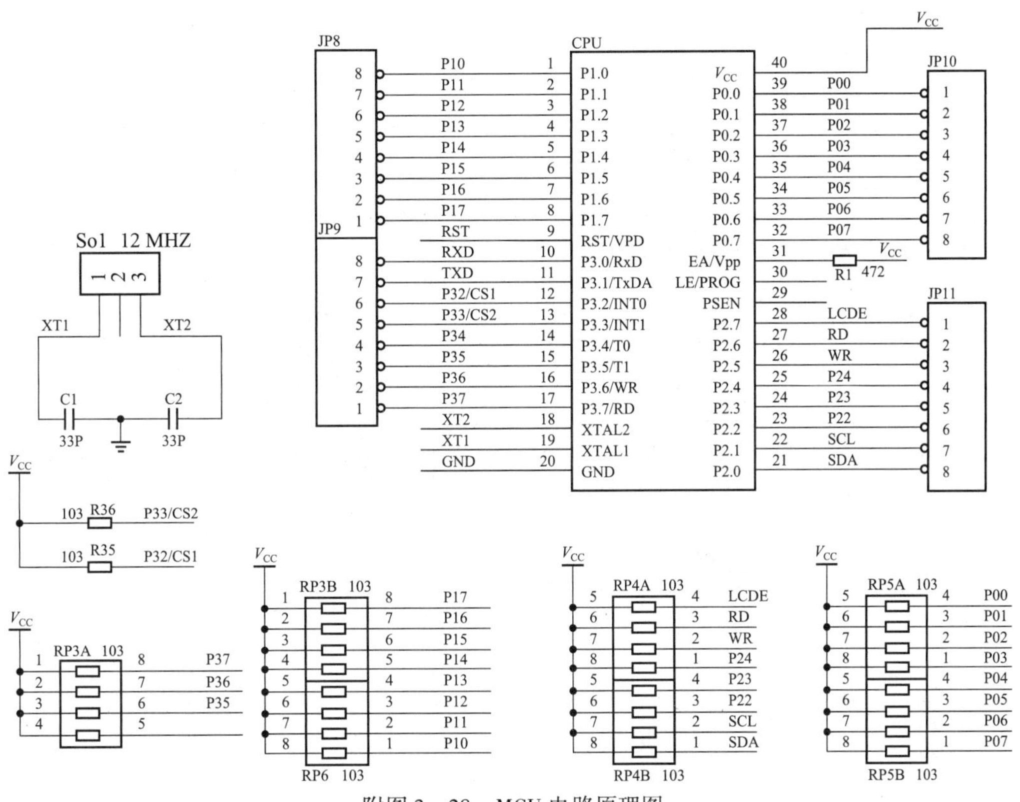

附图 3 - 28　MCU 电路原理图

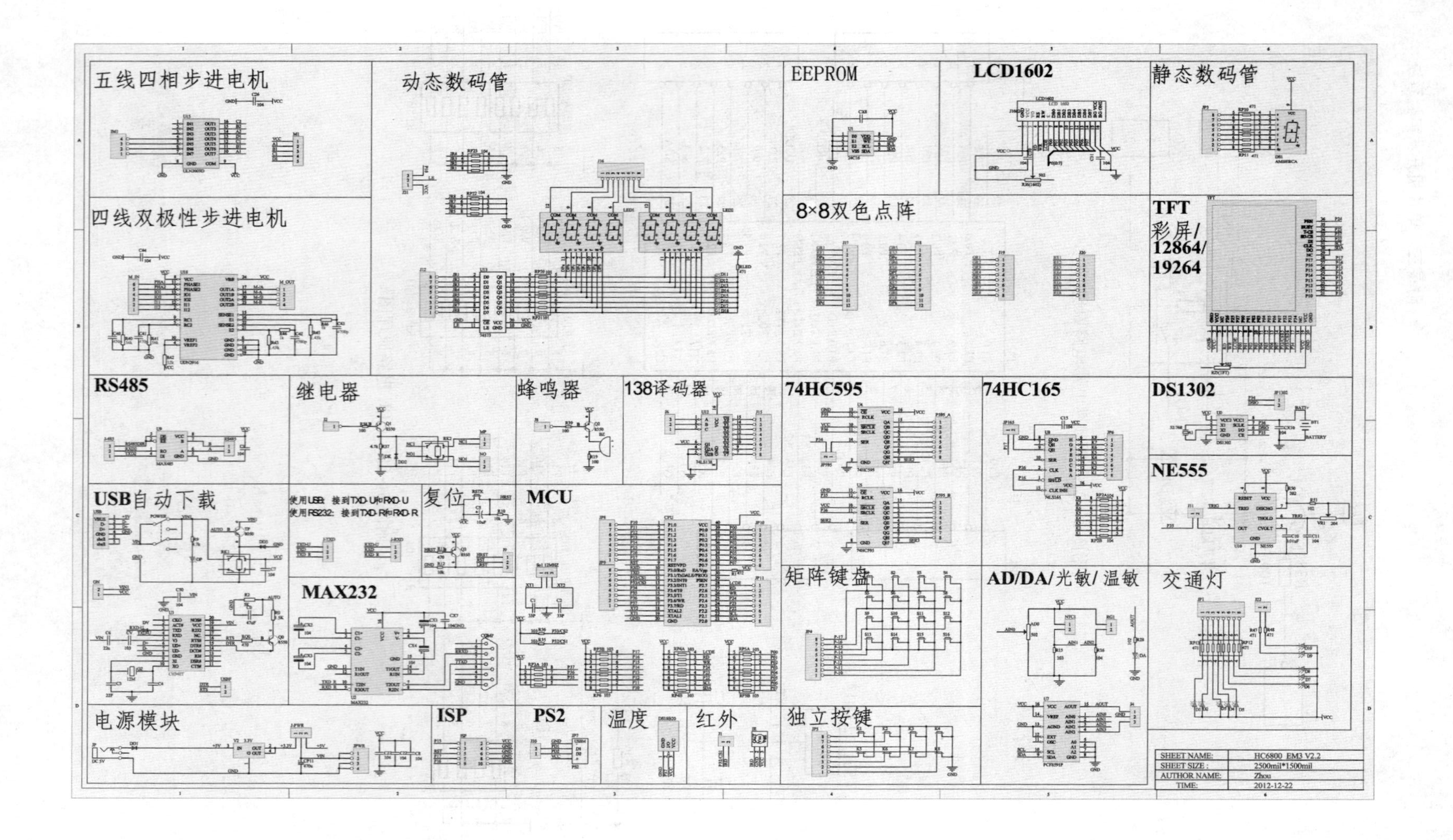
五线四相步进电机
动态数码管
EEPROM
LCD1602
静态数码管
四线双极性步进电机
8×8双色点阵
TFT
彩屏/
12864/
19264
RS485
继电器
蜂鸣器
138译码器
74HC595
74HC165
DS1302
NE555
USB自动下载
使用USB：接到TXD-U和RXD-U
使用RS232：接到TXD-R和RXD-R
复位
MCU
MAX232
矩阵键盘
AD/DA/光敏/温敏
交通灯
电源模块
ISP
PS2
温度
红外
独立按键
SHEET NAME: HC6800 EM3 V2.2
SHEET SIZE: 2500mil*1500mil
AUTHOR NAME: Zhou
TIME: 2012-12-22

参 考 文 献

[1] 康华光. 电子技术基础：数字部分 [M]. 4 版. 北京：高等教育出版社，2000.

[2] 余孟尝. 数字电子技术基础简明教程 [M]. 3 版. 北京：高等教育出版社，2006.

[3] 彭介华. 电子技术课程设计指导 [M]. 北京：高等教育出版社，2008.

[4] 阎石. 数字电子技术基础 [M]. 6 版. 北京：高等教育出版社，2016.

[5] 谢自美. 电子线路设计·实验·测试 [M]. 3 版. 武汉：华中科技大学出版社，2006.

[6] 张毅刚，赵光权，刘旺. 单片机原理及应用 [M]. 3 版. 北京：高等教育出版社，2016.

[7] 汪道辉. 单片机系统设计与实践 [M]. 北京：电子工业出版社，2006.

[8] 李朝青. 单片机原理及接口技术 [M]. 北京：北京航空航天大学出版社，2006.

[9] 马忠梅，李元章，王美刚等. 单片机的 C 语言应用程序设计 [M]. 6 版. 北京：北京航空航天大学出版社，2017.

[10] 朱清慧，张凤蕊，翟天嵩，等. Proteus 教程——电子线路设计、制板与仿真 [M]. 北京：清华大学出版社，2010.

[11] 周润景，张丽娜. 基于 Proteus 的电路及单片机系统设计与仿真 [M]. 北京：北京航空航天大学出版社，2006.

[12] 王廷才. Protel DXP 应用教程 [M]. 2 版. 北京：机械工业出版社，2004.

[13] 王兵，郝小江. 单片机原理及应用实验教程 [M]. 成都：西南交通大学出版社，2016.